Reihe *leicht gemacht*®

Herausgeber:
Prof. Dr. Hans-Dieter Schwind, Hochschullehrer
Dr. jur. Dr. jur. h.c. Helwig Hassenpflug
Dr. Peter-Helge Hauptmann, Richter

IFRS

leicht gemacht

Eine Einführung in die
International Financial Reporting Standards

3., überarbeitete Auflage

von

Dr. Stephan Kudert

Professor an der Europa-Universität Viadrina, Frankfurt (Oder)

und

Dr. Peter Sorg

Professor an der Hochschule für Wirtschaft und Recht Berlin, Berlin School of Economics and Law

Ewald von Kleist Verlag, Berlin

Besuchen Sie uns im Internet:
www.leicht-gemacht.de

Umwelthinweis:
Dieses Buch wurde auf chlorfrei gebleichtem Papier gedruckt

Autoren und Verlag freuen sich über Anregungen
Gestaltung: Michael Haas, www.montalibros.eu; J. Ramminger, Berlin
Druck & Verarbeitung: Druck und Service GmbH, Neubrandenburg
leicht gemacht® ist ein eingetragenes Warenzeichen

ISBN 978-3-87440-279-8

Vorwort

Die positive Resonanz auf die 1. und 2. Auflage hat das didaktische Konzept der bislang in der Reihe „... *leicht gemacht®*" erschienenen fallorientierten Einführungen bestätigt. Dieser Band soll Ihnen die International Financial Reporting Standards, die die EU übernommen hat, nahe bringen. Das Buch kann und soll die einschlägige Fachliteratur, insbesondere Kommentare und Aufsätze in Fachzeitschriften, nicht ersetzen, sondern eher darauf vorbereiten. Es ist als erste Einführung für Studierende an Universitäten, Hochschulen und Berufsakademien konzipiert, aber ebenso für Praktiker geeignet, die sich mit der Internationalisierung der Rechnungslegung beschäftigen möchten oder müssen.

Die studientechnischen Hinweise sollten Sie auch in diesem Band genau beachten: Langsam lesen. Bei jeder im Text aufgeworfenen Frage vor dem Weiterlesen erst selbst nachdenken. Zusammenhänge, die man versteht, muss man nicht auswendig lernen! Alle deutlich gekennzeichneten Leitsätze und Übersichten genau einprägen und vor Beginn einer neuen Lektion wiederholen. Alle zitierten §§ im Gesetz nachschlagen und durchlesen, markieren und – sofern dies Ihre Prüfungsordnung gestattet – Randvermerke machen.

Der laufende Text wurde von den Zusätzen der Termini in englischer Sprache entlastet, stattdessen findet sich ein Glossar am Ende des Buches.

> Gelegentlich werden wichtige Informationen schlicht überlesen. Textstellen, bei denen dies keinesfalls geschehen sollte, sind mit dieser Kennung markiert. Sie sollten also sehr bewusst zur Kenntnis genommen werden.

Wir möchten uns bei unseren wissenschaftlichen Mitarbeitern, insbesondere Herrn Dr. Adam Gieralka, bedanken, ohne deren Unterstützung manches didaktische Missgeschick und mancher fehlerhafter Paragrafenverweis unentdeckt geblieben wäre. Aufgrund der inzwischen erreichten Schnelllebigkeit der Änderungen im Bereich der internationalen Rechnungslegungsstandards liegt den Ausführungen der Rechtsstand vom 01. März 2010 zugrunde. Alle bis dahin von der EU übernommenen IFRS wurden berücksichtigt.

Die Verfasser

Inhaltsübersicht

Übersichten und Leitsätze

Inhalt

I. Stellenwert und Inhalt eines IFRS-Abschlusses

II. Ansatz und Bewertung im IFRS-Abschluss

I. Stellenwert und Inhalt eines IFRS-Abschlusses

Lektion 1: Grundlagen der Rechnungslegung nach IFRS

1 Gründe für die Anwendung internationaler Rechnungslegungsnormen

Fall 1

X liest im Wirtschaftsteil einer überregionalen Tageszeitung, dass nach Art. 4 der EU-Verordnung Nr. 1606/2002 vom 19. Juli 2002 alle kapitalmarktorientierten Mutterunternehmen mit Sitz in der EU dazu verpflichtet sind, ihre Konzernabschlüsse für ab dem 1. Januar 2005 beginnende Geschäftsjahre nach den International Financial Reporting Standards (IFRS) aufzustellen. Er liest, dass diese EU-Verordnung unmittelbar geltendes Recht in allen EU-Ländern ist und keiner Transformation in nationales Recht bedarf (die IRFS selbst werden im so genannten Komitologie-Verfahren übernommen). Für die nicht kapitalmarktorientierten Unternehmen räumt die EU-Verordnung den Mitgliedstaaten in Art. 5 ein Wahlrecht ein, den Konzernabschluss nach nationalem Recht (Handelsgesetzbuch/HGB) oder IFRS zu erstellen. Er liest weiterhin, dass die Umstellung auf IFRS aufgrund der erforderlichen Angabe der Vorjahreswerte bereits zum 1. Januar 2004/31. Dezember 2003 erfolgt ist. X überlegt in diesem Zusammenhang, welche Gründe für diese Hinwendung zu den IFRS ursächlich sein könnten. Könnten Sie ihm das erklären?

> Vor dem Hintergrund einer zunehmenden Internationalisierung (= Globalisierung) der Unternehmenstätigkeiten gewinnt die Aufstellung und Prüfung von **vergleichbaren Abschlüssen** zunehmend an Bedeutung. Vor allem multinational agierende Konzerne haben den Wunsch, sich internationale Kapitalmärkte zur Aufnahme von Eigen- und Fremdkapital zu erschließen.

Damit ein Kapitalanbieter (= Investor) seine Anlageentscheidung fundieren kann, ist er auf vergleichbare Informationen über potenzielle Investitionsalternativen angewiesen. Die Abschlüsse börsennotierter

Unternehmen stellen einen entscheidungsrelevanten und damit ganz wesentlichen Teil des Informationssystems des Investors dar. Unterschiede zwischen den nationalen Rechnungslegungsnormen beeinträchtigen die Vergleichbarkeit der Abschlüsse und damit die Effizienz der Kapitalmärkte. Die **Globalisierung der Kapitalmärkte** einerseits sowie der **erhöhte Informationsnutzen** für die Adressaten der Rechnungslegung andererseits sind die **Hauptgründe** für die Hinwendung zu den IFRS.

Fall 2

„Na toll", denkt X. „Wenn die IFRS nur die Konzernabschlüsse kapitalmarktorientierter Kapitalgesellschaften betreffen, sind sie praktisch doch kaum von Bedeutung, denn deren Anteil an den Unternehmen insgesamt ist eher gering!" Würden Sie ihm zustimmen?

Falls ja, können Sie dieses Buch wieder weglegen. Allerdings sollten Sie vorher bedenken, dass die Anzahl dieser Unternehmen zwar gering ist, diese aber hinsichtlich der Kapitalbildung, Umsatzerlöse, Arbeitnehmerzahl und anderer ökonomischer Größen für die Wirtschaft von erheblicher Bedeutung sind. Also: Doch weiterlesen!

2 Struktur der IFRS

Fall 3

Die Gründe für die Anwendung der IFRS im Jahresabschluss hat X verstanden. Er fragt sich nunmehr, wer denn diese international anerkannten Rechnungslegungsstandards herausgibt und wie deren Struktur aussieht. Sind sie geltendes Recht?

Die IFRS werden vom *International Accounting Standards Board* (IASB), vormals International Accounting Standards Committee (IASC), einer internationalen, **nicht staatlichen** Fachorganisation im Rahmen eines Standardisierungsprozesses herausgegeben. Das IASC wurde am 29. Juni 1973 durch eine Vereinbarung von Berufsverbänden aus Australien, Kanada, Frankreich, Deutschland, Japan, Mexiko, den Niederlanden, dem Vereinigten Königreich und Irland sowie den Vereinigten Staaten von Amerika gegründet und zum 01. April 2001 (nach dem Vorbild des FASB in den USA) umstrukturiert und in IASB umbenannt. Heute sind mehr als 150 Berufsorganisationen aus über 100 Ländern Mitglied des IASB. Aus deutscher Sicht ist neben dem Institut der Wirtschaftsprüfer (IdW) und der Wirtschaftsprüferkammer (WPK) auch das Deutsche Rechnungslegungs Standards Committee (DRSC) Mitglied. Sein Sitz ist London. Gemäß seiner Satzung verfolgt das IASB vorrangig das Ziel, **weltweit akzeptierte**, qualitativ hochwertige und verständliche **Rechnungslegungsstandards** zu entwickeln.

Die IFRS sind anders aufgebaut als das HGB. Das HGB ist ein typischer Vertreter des kontinental-europäischen *Code Law*. Die IFRS orientieren sich dagegen am angelsächsischen *Case Law*. Es handelt sich bei den IFRS um **einzelfallbezogene Regelungen**, **die untereinander keiner systematischen Ordnung folgen**. Die Reihenfolge und Nummerierung der IFRS ist eklektisch. Der Vorteil besteht in der genauen Regelung einzelner Sachverhalte; nachteilig sind die zwangsläufig auftretenden Wiederholungen. Da die IFRS von einer privatrechtlichen Stiftung formuliert werden, stellen sie auch keine Rechtsnormen dar.

Das **Vorwort** legt die Ziele und Verfahrensregeln des IASB dar. Es erläutert den Anwendungsbereich sowie die Autorität der IFRS.

Damit die IFRS Rechtskraft erhalten, müssen sie von einer Legislative übernommen werden oder der Gesetzgeber muss auf sie verweisen. In der EU erfolgt die Übernahme durch die Kommission. Die IFRS bestehen aus folgenden Elementen:

- Vorwort
- Rahmenkonzept
- Standards
- Interpretationen.

Als theoretische Basis der IFRS fungiert das im Juli 1989 veröffentlichte **Rahmenkonzept** (Zitierweise: F. 1 etc.). Es enthält allgemeine Aussagen über die Zielsetzung und Grundannahmen des IFRS-Abschlusses, formuliert die zentralen qualitativen Anforderungen an den IFRS-Abschluss und definiert wichtige Begriffe wie beispielsweise den des **Vermögenswertes** oder den der **Schuld**. Das Rahmenkonzept hat keinen Standardstatus und geht auch keinem Standard vor. Existiert allerdings zu einem betrieblichen Sachverhalt kein Standard, so erfolgt eine Bilanzierung regelmäßig nach dem Rahmenkonzept (IAS 8.10 f.).

Die eigentlichen Bilanzierungs- und Bewertungsvorschriften sind in den **Standards** (Zitierweise: IAS 1.1, IFRS 3.1 etc.) enthalten. Sie sind das Ergebnis einer eingehenden Behandlung ausgewählter Themenbereiche und folgen einer **fallbezogenen** (kasuistischen) Ordnung. Die Anwendung der gültigen Standards ist für eine Bestätigung der Übereinstimmung des Abschlusses mit den IFRS verpflichtend (IAS 1.16).

In der Vergangenheit war zu beobachten, dass die Regelungen in den Standards von den Unternehmen teilweise unterschiedlich ausgelegt wurden. Um dem zu begegnen, wurde vom IASB das *International Financial Reporting Interpretations Committee* (IFRIC), vormals *Standing Interpretations Committee* (SIC), gegründet. Das IFRIC veröffentlicht **Interpretationen**, die **noch spezieller** als die Standards sind und deshalb Vorrang vor diesen haben (Zitierweise: IFRIC 1 bzw. SIC-1 etc.). Ihre Anwendung ist für den Abschlussersteller somit verpflichtend. Übersicht 1 verdeutlicht noch einmal die **Stufenordnung** der IFRS-Rechnungslegung:

Übersicht 1: Stufenordnung der IFRS-Rechtslegung

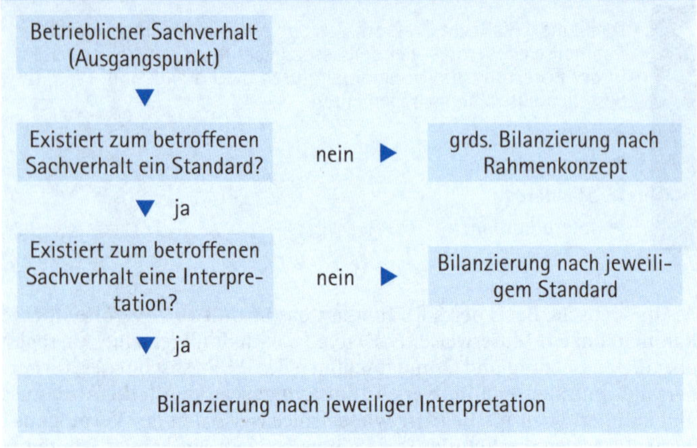

3 Ziel und Adressaten des IFRS-Abschlusses

Fall 4

A ist ein amerikanischer Großinvestor. Er hatte vor vielen Jahren an der Columbia University in New York Wirtschaftswissenschaften mit dem Schwerpunkt Bilanzrecht studiert. A beabsichtigt, 5.000.000 € in Aktien entweder bei der deutschen Y-AG mit Sitz in Berlin oder bei der englischen Z-Ltd. mit Sitz in London zu investieren. Zu diesem Zweck hat sich A die letzten fünf Jahresabschlüsse beider Kapitalgesellschaften beschafft. Die Y-AG, die nach HGB bilanziert, weist durchschnittlich einen Jahresüberschuss i.H.v. 50.000.000 € aus, während die Z-Ltd., die nach IFRS bilanziert, durchschnittlich einen Jahresüberschuss i.H.v. 80.000.000 € ausweist. Beide Kapitalgesellschaften gehören der gleichen Branche an. Wie wird sich X entscheiden, wenn er seine Anlageentscheidung am Jahresüberschuss der Unternehmen ausrichtet?

Leider lässt sich diese Frage nicht eindeutig beantworten, da die Jahresüberschüsse der beiden Kapitalgesellschaften **nicht direkt miteinander vergleichbar** sind. Die deutsche Y-AG bilanziert nach dem Handelsgesetzbuch (HGB); die englische Z-Ltd. bilanziert nach den IFRS.

Weiter mit Fall 4

Das versteht A nicht. Wenn sowohl nach HGB als auch nach IFRS Vermögen und Schulden bilanziert werden und in der GuV der Gewinn ermittelt wird, können die Unterschiede doch nicht so gravierend sein, oder? Doch! Der Jahresüberschuss nach dem HGB wird eher zu niedrig ausgewiesen, da der Gedanke des **Gläubigerschutzes** und damit auch die **Begrenzung der Ausschüttung** von höchster Priorität für die Rechnungslegung nach HGB sind. Wenn Sie aber bereits „Rechnungswesen – *leicht gemacht®*" von den Autoren gelesen haben, wissen Sie, dass sich die periodischen Gewinnunterschiede in der Totalperiode wieder ausgleichen. Die Dominanz des Gläubigerschutzgedankens spiegelt sich insbesondere im so genannten **Vorsichtsprinzip** gemäß § 252 Abs. 1 Nr. 4 HGB wieder, welches den vorherrschenden Grundsatz handelsrechtlicher Rechnungslegung in Deutschland darstellt. Diesem Prinzip liegt die Vorstellung des vorsichtigen Kaufmanns zugrunde, der sich vor sich selbst und vor anderen nicht reicher rechnet, als er tatsächlich ist.

Für Vermögensgegenstände des Anlage- und Umlaufvermögens bilden die Anschaffungs- oder Herstellungskosten gemäß § 253 Abs. 1 Satz 1

HGB die obere Grenze der Bewertung (= **Anschaffungskostenprinzip**). Steigt der Tageswert über die Anschaffungs- oder Herstellungskosten, so bleibt dies aufgrund des **Realisationsprinzips** im Jahresabschluss unberücksichtigt. Eine **Gewinnantizipation** ist also verboten.

Sinkt der Tageswert von Vermögensgegenständen dagegen unter die Anschaffungs- oder Herstellungskosten, so wird diese (vielleicht auch nur drohende) Wertminderung aufgrund des **Imparitätsprinzips**, präzisiert durch das **strenge** und **gemilderte Niederstwertprinzip**, erfasst.

Auf der Passivseite der Bilanz führt das handelsrechtliche Vorsichtsprinzip zum **Höchstwertprinzip**. Hiernach sind Verbindlichkeiten und Rückstellungen eher zu hoch als zu niedrig anzusetzen. Steigt beispielsweise eine ausländische Währung im Kurs, dann ist die entsprechende Valutaverbindlichkeit (= Fremdwährungsverbindlichkeit) mit eben diesem höheren Kurs zu bewerten. Das ist Ihnen sicher sehr vertraut. Wenn nicht, sollten Sie in Lektion 6 von „Rechnungswesen – *leicht gemacht®*" nachschlagen.

Die im HGB verankerte starke Betonung des Gläubigerschutzes im Interesse der Fremdkapitalgeber verpflichtet die Unternehmen, ihre wirtschaftlichen Verhältnisse auf keinen Fall zu optimistisch darzustellen, sodass es nicht zu überhöhten Gewinnausschüttungen und der damit verbundenen Schwächung des Eigenkapitals kommt (= Vorsichtsprinzip). Die **Bildung stiller Reserven** durch Unterbewertung des Vermögens und / oder Überbewertung der Schulden wird in der deutschen handelsrechtlichen Rechnungslegung im Sinne „guter kaufmännischer Tradition" in Kauf genommen. Im Hinblick auf den Gläubigerschutz wird der Objektivierung und Verlässlichkeit der Rechnungslegung mehr Bedeutung beigemessen als der Vermittlung entscheidungsrelevanter Informationen. Daran hat auch das Bilanzrechtsmodernisierungsgesetz vom 15. Mai 2009 (BilMoG 2009) wenig geändert.

Leitsatz 1

!

Gläubigerschutz und Vorsichtsprinzip

Der Gedanke des Gläubigerschutzes ist von höchster Priorität für die Rechnungslegung nach dem HGB. Das **Vorsichtsprinzip** stellt den dominierenden Grundsatz handelsrechtlicher Rechnungslegung dar. Aus ihm leiten sich das **Realisations**- und das **Imparitätsprinzip** ab.

Völlig anders sieht dagegen die Konzeption der IFRS-Rechnungslegung aus, deren **einziges Ziel** gemäß F. 12 die **Vermittlung von Informationen** ist, welche die Vermögens-, Finanz- und Ertragslage betreffen.

Obwohl der Kreis der externen Abschlussadressaten in F. 9 sehr weit gefasst wird (Investoren, Arbeitnehmer, Gläubiger, Lieferanten, Kunden, Staat und Öffentlichkeit), unterstellt F. 10, dass Informationen, die den Bedürfnissen der Investoren (= Eigenkapitalgeber) zur Bereitstellung des unternehmerischen Risikokapitals genügen, auch den Anforderungen der anderen Abschlussadressaten weitestgehend gerecht werden.

Damit erfolgt in der IFRS-Rechnungslegung eine faktische Fokussierung auf die Informationsbedürfnisse der Investoren.

Eine Abschlussinformation ist für die Anlageentscheidung eines Investors dann entscheidungsrelevant und nützlich, wenn sie den Investor bei der **Prognose künftiger Cashflows** unterstützt und ihn in die Lage versetzt, die Zeitpunkte und Wahrscheinlichkeiten ihres Entstehens zu beurteilen (F. 15). Zur Prognostizierbarkeit künftiger Cashflows hat der IFRS-Abschluss Informationen über die Vermögens-, Finanz- und Ertragslage sowie die Veränderungen der Vermögens- und Finanzlage zu liefern (F. 15 bis F. 20).

Leitsatz 2

Informationsfunktion

Die **Erfüllung der Informationsfunktion** ist alleiniges Ziel des IFRS-Abschlusses. Die **Zahlungsbemessungsfunktion** (Bemessung von Gewinnausschüttungen oder gar Steuerzahlungen) ist hingegen kein Ziel der Rechnungslegungskonzeption nach IFRS.

Lektion 2: Der IFRS-Abschluss gemäß IAS 1

1 Bestandteile des IFRS-Abschlusses

Fall 5

Die deutsche, nicht börsennotierte X-AG möchte zum 31.12.05 ihren Abschluss nach IFRS aufstellen. Der Vorstand beabsichtigt, eine Bilanz, eine Gewinn- und Verlustrechnung (GuV) sowie einen Anhang zu veröffentlichen. Zu Recht?

Nein! Die Bestandteile des Jahresabschlusses nach IFRS sind umfangreicher als die nach § 264 Abs. 1 Satz 1 HGB. Sie beinhalten gemäß IAS 1.10 nicht nur **Bilanz**, **GuV** und **Anhang**, sondern auch eine Gesamtergebnisrechnung, eine **Eigenkapitalveränderungsrechnung** und eine **Kapitalflussrechnung**, wobei die Ergebnisbestandteile auch im Rahmen einer sog. Gesamtergebnisrechnung dargestellt werden dürfen (IAS 1.12); dann entfällt eine gesonderte GuV-Rechnung! Diese Pflichtbestandteile des Jahresabschlusses gelten gemäß IAS 1.2 gleichermaßen für den Einzel- und Konzernabschluss. Größenabhängige Erleichterungen, vergleichbar dem § 264 Abs. 1 Satz 4 HGB, kennen die IFRS nicht. Übersicht 2 fasst die **Pflichtbestandteile** des IFRS-Abschlusses zusammen, wie es sich regelmäßig in der betrieblichen Praxis darstellt (d.h. mit einer gesonderten GuV-Rechnung!):

Übersicht 2: Bestandteile des Abschlusses gemäß IAS 1.10

a) Statement of financial positions	Bilanz
b) Income Statement	Gewinn- und Verlustrechnung
c) Statement of comprehensive income	Gesamtergebnisrechnung
d) Statement of Changes in Equity	Eigenkapitalveränderungsrechnung
e) Statement of cash flows	Kapitalflussrechnung
f) Notes	Anhang

2 Bilanz

Die Elemente der Bilanz als Instrument zur Darstellung der Vermögenslage umfassen Vermögenswerte und Schulden sowie das Eigenkapital. Den **Mindestinhalt** der Bilanz definiert IAS 1.54 (bitte genau lesen!). Festgelegt werden die Bilanzposten, die in der Bilanz gesondert ausgewiesen werden müssen, wobei unter Umständen Ergänzungen und ihre Weiterunterteilung notwendig werden können (IAS 1.55). Für die Bilanz wird keine konkrete Darstellungsform vorgegeben (IAS 1.57). Sie kann in Kontoform, Staffelform oder in einer sonstigen Form unter Beachtung des Rahmenkonzepts aufgestellt werden. Auch die Reihenfolge der Bilanzposten wird nicht verpflichtend vorgegeben. Es bleibt im Ermessen des Bilanzierenden, langfristiges Vermögen vor dem kurzfristigen Vermögen oder umgekehrt auszuweisen. Allerdings ist die einmal getroffene Wahl der Bilanzgliederung im Sinne der **Darstellungsstetigkeit** beizubehalten, es sei denn, ihre Änderung erfüllt besser das Ziel der Vermittlung entscheidungsrelevanter Informationen (IAS 1.45).

Gemäß IAS 1.60 ist jedes Unternehmen verpflichtet, Vermögenswerte und Schulden in jeweils **kurz- und langfristige** Posten zu unterteilen. Eine Anordnung nach ihrer **Liquiditätsnähe / Liquidierbarkeit** ist nur zulässig, wenn eine solche Darstellung mit einer höheren Aussagekraft verbunden ist. Unabhängig von der einmal gewählten Darstellungsform sind gemäß IAS 1.61 alle Vermögenswerte und Schulden mit einer Laufzeit von mehr als zwölf Monaten getrennt auszuweisen. Für Vermögenswerte und Schulden besteht gemäß IAS 1.32 ein **generelles Saldierungsverbot**, soweit nicht eine Saldierung durch einen anderen Standard gestattet oder vorgeschrieben wird (z.B. IAS 12.71 oder IAS 19.54). Zu allen nummerischen Bilanzposten sind die entsprechenden **Vorjahreswerte** anzugeben (IAS 1.38 bis 1.44).

3 Gewinn- und Verlustrechnung sowie Gesamtergebnisrechnung

Wie bereits ausgeführt, besteht nach IAS 1.12 i.V.m. IAS 1.81 ein Wahlrecht dahingehend, ob ein Unternehmen alle in einer Periode erfassten Ertrags- und Aufwandsposten in einer einzigen Gesamtergebnisrechnung oder in zwei Aufstellungen (eine gesonderte GuV-Rechnung und eine Gesamtergebnisrechnung in der Form einer Überleitung vom Periodenergebnis zum Gesamtergebnis mit Ausweis der Bestandteile des sonstigen Ergebnisses) abbildet. Auch wenn das IASB klar eine zusammengefasste Gesamtergebnisrechnung bevorzugt, dominiert in der unternehmerischen Praxis das Format mit zwei Aufstellungen. Eine Abschaffung des Darstellungswahlrechts wird vom IASB angestrebt, ist jedoch unwahrscheinlich.

Die Elemente der GuV als Instrument zur Darstellung der Ertragslage umfassen einerseits **Erträge** im Sinne von **Erlösen** und **andere Erträge** als auch **Aufwendungen**, die im Rahmen der gewöhnlichen Geschäftstätigkeit anfallen, und **andere Aufwendungen**.

Erlöse beinhalten die **Erträge aus der gewöhnlichen Geschäftstätigkeit** wie beispielsweise Umsatzerlöse, Dienstleistungsentgelte, Honorare, Gebühren, Zinsen, Mieten oder Dividenden (F. 74). Zu denen im Rahmen der gewöhnlichen Geschäftstätigkeit anfallenden Aufwendungen zählen beispielsweise Umsatzaufwendungen, Löhne, Gehälter oder Abschreibungen (F. 78).

Im Gegensatz zu den Erlösen umfassen die **anderen Erträge** beispielsweise Erträge aus der Veräußerung von langfristigen Vermögenswerten oder auch **unrealisierte Erträge** aus der Neubewertung marktfähiger Wertpapiere sowie Erträge aus der Erhöhung der Buchwerte langfristiger Vermögenswerte (F. 76). Zu den **anderen Aufwendungen** zählen dementsprechend solche, die im Zusammenhang mit der Veräußerung von langfristigen Vermögenswerten unter Buchwert stehen oder die in Folge von Naturkatastrophen (Feuer, Wasser, Sturm etc.) entstehen. Hierunter werden auch die **nicht realisierten Aufwendungen**, wie beispielsweise Aufwendungen aus einem Anstieg des Wechselkurses einer Fremdwährung (F. 80), subsumiert. Hierzu mehr in den Lektionen 6 und 7.

Die Differenz aus den in der GuV erfassten Erträgen und Aufwendungen wird gemäß IAS 1.88 als **Periodenergebnis** bezeichnet. Für den gesonderten Ausweis außerordentlicher Posten besteht entgegen der Regelung des § 275 Abs. 2 Nr. 15 – 17 bzw. Abs. 3 Nr. 14 – 16 HGB ein **Ausweisverbot** gemäß IAS 1.87.

Auch für die Darstellung der GuV schreibt IAS 1 keine konkrete Form vor. Sie kann sowohl in **Kontoform** als auch in **Staffelform** aufgestellt werden. Die einmal gewählte Darstellungsform ist dann beizubehalten (IAS 1.45).

Die GuV kann sowohl nach dem Gesamtkostenverfahren (IAS 1.102) als auch nach dem international vorherrschenden Umsatzkostenverfahren (IAS 1.103) aufgestellt werden (IAS 1.101). Die in der GuV mindestens auszuweisenden Posten definiert IAS 1.82 (bitte wieder genau lesen!).

Weitere Hinzufügungen von Posten, Überschriften und Zwischensummen sind gemäß IAS 1.85 dann vorzunehmen, wenn diese zum besseren Verständnis der Ertragslage beitragen.

Die aus zwei Teilen bestehende Gesamtergebnisrechnung wird nach den IFRS erst dann vollständig, wenn aus dem Periodenergebnis (entnommen aus der GuV-Rechnung; Teil I) und dem sonstigen Ergebnis (Teil II) das Gesamtergebnis dargestellt wird. Das sonstige Ergebnis umfasst Ertrags- und Aufwandsposten, die nach anderen IFRS nicht erfolgswirksam erfasst werden dürfen oder müssen (IAS 1.7). Dazu zählen beispielsweise die Effekte aus der Veränderung der so genannten Neubewertungsrücklage (IAS 16, IAS 38) oder der Wertschwankungsrücklage (IAS 39). Im Grundsatz handelt es sich hier um (noch) unrealisierte Erträge oder Aufwendungen, die aus dem regulärem Periodenergebnis zunächst separiert werden. Dazu später mehr...

Entscheidet sich ein Unternehmen für das Format der Gesamtergebnisrechnung, geht die Ihnen bekannte GuV-Rechnung (als Teil I) in die Gesamtergebnisrechnung ein und existiert formal nicht mehr!

4 Eigenkapitalveränderungsrechnung

Gemäß IAS 1.10 Buchstabe (c) stellt die Eigenkapitalveränderungsrechnung einen weiteren wichtigen Pflichtbestandteil des IFRS-Abschlusses dar. Veränderungen des Eigenkapitals (= Reinvermögens) zwischen zwei aufeinander folgenden Abschlussstichtagen resultieren zum einen aus erfolgsneutralen Transaktionen mit den Eigentümern (Kapitaleinzahlungen, Ausschüttungen oder Kapitalrückzahlungen) und zum anderen aus dem Periodenergebnis. Dieses klare Konzept, dem z.B. das HGB folgt, wird durchbrochen, wenn außerhalb der GuV Eigenkapitalveränderungen erfolgsneutral gebucht werden, obwohl sie nicht auf Transaktionen mit den Eigentümern beruhen. Die IFRS-Normen sehen eine **Vielzahl** von Änderungen des Eigenkapitals vor, die erfolgsneutral erfasst werden:

a) Differenzen aus der Umrechnung ausländischer Abschlüsse gemäß IAS 21,

b) Wertänderungen von finanziellen Vermögenswerten der Kategorie zur Veräußerung verfügbar gemäß IAS 39,

c) Gewinne und Verluste aus der Neubewertung (Neubewertungsrücklage) des Sachanlagevermögens gemäß IAS 16 und der immateriellen Vermögenswerte gemäß IAS 38,

d) Änderungen von Bilanzierungs- und Bewertungsmethoden sowie Berichtigung von Fehlern nach IAS 8.

Nach IAS 1.106 besteht die Eigenkapitalveränderungsrechnung **mindestens** aus folgenden **Komponenten**:

a) Gesamtergebnis für die Periode (d.h. das Periodenergebnis aus der GuV-Rechnung zuzüglich des sonstigen Ergebnisses aus der Gesamtergebnisrechnung) mit separatem Ausweis des Anteils, der auf die Anteilseigner des Mutterunternehmens und der Minderheitenanteile entfällt.

b) Gesamtauswirkungen der Änderungen der Bilanzierungs- und Bewertungsmethoden und der Berichtung von Fehlern nach IAS 8.

c) Überleitung der Buchwerte jedes Eigenkapitalbestandteils (IAS 1.108) zu Beginn und am Ende der Periode, wobei erfolgswirksame und erfolgsneutrale Effekte und Auswirkungen der Kapitaltransaktionen mit Anteilseignern und Ausschüttungen an diese separat auszuweisen sind.

Übersicht 3 verdeutlicht die Grundstruktur einer Eigenkapitalveränderungsrechnung gemäß IAS 1.106, wobei auch hier an dem separaten Ausweis des Periodenergebnisses der Aussagekraft wegen festgehalten wird.

Übersicht 3: Grundstruktur einer Eigenkapitalveränderungsrechnung gemäß IAS 1.106

	Gezeichnetes Kapital	Agio	Neubewertungsrücklage	Kumulierter Gewinn	Gesamt
Saldo zum 31.12.01	8.000	2.000	1.000	1.600	12.600
Änderung von Bilanzierungs- und Bewertungsmethoden				-400	-400
Angepasster Saldo	8.000	2.000	1.000	1.200	12.200
Überschuss aus der Neubewertung von Grund u. Boden			600		
Überschuss aus der Neubewertung von bestimmten Finanzanlagen			200		
In GuV nicht berücksichtigte Gewinne und Verluste					800
Periodenergebnis aus GuV				1.000	1.000
Saldo zum 31.12.02	8.000	2.000	1.800	2.200	14.000

5 Kapitalflussrechnung

Die Kapitalflussrechnung ist gemäß IAS 1.10 Buchstabe (d) ein weiterer Pflichtbestandteil des IFRS-Abschlusses. Sie soll die Finanzlage eines Unternehmens wiedergeben. Gegenstand der Kapitalflussrechnung ist die Darstellung der Zu- und Abflüsse von Zahlungsmitteln und Zahlungsmitteläquivalenten. Zahlungsmitteläquivalente sind kurzfristige, äußerst liquide Finanzinvestitionen, die jederzeit in Zahlungsmittel umgewandelt werden können und nur unwesentlichen Wertschwankungsrisiken unterliegen (Definitionen in IAS 7.6).

Die Kapitalflussrechnung muss gemäß IAS 7.10 alle Mittelzuflüsse und alle Mittelabflüsse aus **betrieblichen Tätigkeiten, Investitions-** und **Finanzierungstätigkeiten** einer Berichtsperiode abbilden.

Fall 6

X fragt sich, wofür das gut sein soll. Immerhin gibt es doch die GuV bzw. die Gesamtergebnisrechnung. Ist das nicht praktisch das Gleiche?

Oh nein! In der GuV bzw. der Gesamtergebnisrechnung stehen Erträge und Aufwendungen. Dies sind aber nicht zwingend auch Ein- und Auszahlungen. So ist es denkbar, dass ein Unternehmen einen Jahresüberschuss ausweist, etwa beim Verkauf und Lieferung auf Ziel, und dennoch insolvenzgefährdet ist, weil die Einzahlungen erst in einer späteren Periode erfolgen, die Auszahlungen aber sofort. Außerdem ist es interessant zu wissen, wofür ein Unternehmen seine finanziellen Mittel verwendet.

Der **Cashflow aus betrieblicher Tätigkeit** (z.B. Einzahlungen aus dem Verkauf von Gütern und der Erbringung von Dienstleistungen) ist ein Indikator dafür, inwieweit es dem Unternehmen gelingt, aus seiner Tätigkeit Überschüsse an liquiden Mitteln zu erwirtschaften um damit etwa Investitionen zu tätigen oder Zinsen und Dividenden zu zahlen (IAS 7.13).

Der **Cashflow aus Investitionstätigkeit** ist ein Signal für Mittel, die eingesetzt werden, um künftige Erträge zu generieren. IAS 7.16 nennt Beispiele für Zahlungen, die diesem Cashflow zuzuordnen sind (z.B. Auszahlungen für den Erwerb von Sachanlagen).

Der **Cashflow aus Finanzierungstätigkeit** signalisiert hingegen, inwieweit durch das Unternehmen auch künftig Ansprüche von Kapitalgebern zu befriedigen sein werden. IAS 7.17 nennt Beispiele für Zahlungen, die der Finanzierungstätigkeit zuzuordnen sind (z.B. Einzahlungen aus der Aufnahme von Darlehen).

6 Anhang

> Im Gegensatz zum HGB stellt der Anhang gemäß IAS 1.10 Buchstabe e) **rechtsformunabhängig** einen Pflichtbestandteil des Jahresabschlusses dar. Größenabhängige Erleichterungen, wie in § 288 HGB, bestehen nach IFRS nicht. Die primäre Aufgabe des Anhangs besteht in der **Vermittlung entscheidungsrelevanter Informationen** (IAS 1.112 Buchstaben (a) bis (c)). Er soll die einzelnen Positionen der Bilanz, der GuV bzw. Gesamtergebnisrechnung, der Kapitalflussrechnung und der Eigenkapitalveränderungsrechnung **erläutern, entlasten** und **ergänzen** (IAS 1.114 ff.).

Zur Erfüllung der **Erläuterungsfunktion** sind gemäß IAS 1.112 Buchstabe a) die Grundlagen der Aufstellung des Abschlusses und die besonderen Bilanzierungs- und Bewertungsmethoden zu beschreiben. Die **Entlastungsfunktion** des Anhangs soll gewährleisten, dass durch Auslagerung bestimmter Informationen in den Anhang die übrigen Abschlussbestandteile übersichtlich und aussagekräftig bleiben. Die **Ergänzungsfunktion** des Anhangs wird durch die Angabe von zusätzlichen Informationen erfüllt, die nicht in den anderen Abschlussbestandteilen dargestellt wurden (IAS 1.112 Buchstabe (c)).

IAS 1.113 fordert eine systematische Strukturierung des Anhangs. Jeder Posten in der Bilanz, in der GuV bzw. der Gesamtergebnisrechnung, in der Kapitalflussrechnung und in der Eigenkapitalveränderungsrechnung muss einen Querverweis auf entsprechende Anhanginformationen haben. Die Struktur der Anhangangaben wird in IAS 1.114 vorgegeben. Nach IAS 1.114 Buchstabe (a) ist zunächst die Übereinstimmung des Abschlusses mit den IFRS darzulegen. Anschließend sind gemäß IAS 1.114 Buchstabe (b) die angewendeten Bewertungsmaßstäbe sowie die Bilanzierungs- und Bewertungsmethoden zu erläutern. Gemäß IAS 1.116 kann dies auch gesondert erfolgen. Die hierzu erforderlichen Angaben werden in IAS 1.117 ff. präzisiert. Darauf aufbauend sind im Anhang ergänzende Informationen zu Positionen der Bilanz, der GuV bzw. Gesamtergebnisrechnung, der Kapitalflussrechnung und der Eigenkapitalveränderungsrechnung zu vermitteln und zwar nach IAS 1.114 Buchstabe (c) in der Reihenfolge, in der die Posten und Abschlussbestandteile dargestellt werden. Schließlich sind gemäß IAS 1.114 Buchstabe (d) im Anhang sonstige finanzielle und nicht finanzielle Informationen anzugeben, wie beispielsweise Angaben über Erfolgsunsicherheiten oder Verpflichtungen. IAS 1.138 fordert die Aufnahme von zusätzlichen Angaben in den Anhang, sofern diese nicht an anderer Stelle des Abschlusses gemacht worden sind. Hierzu gehören beispielsweise Angaben zu Sitz, Rechtsform oder Art der Geschäftstätigkeit des Unternehmens bzw. der Lebensdauer des Unternehmens, falls seine Lebensdauer begrenzt ist (IAS 138 Buchstaben (a) bis (d)). Beziehungen zu nahe stehenden Unternehmen und Personen ist ein kompletter IAS gewidmet (bitte IAS 24 nachschlagen). Bestehen solche besonderen Beziehungen, so sind diese ebenfalls im Anhang gesondert darzulegen.

Der Anhang eines IFRS-Abschlusses ist aufgrund der Informationsorientierung der IFRS-Rechnungslegung **deutlich umfangreicher** und tiefer gehend als der Anhang nach HGB.

Konkretisiert wird der Inhalt des Anhangs durch die in den einzelnen Standards geforderten Angabepflichten. So verlangt beispielsweise IAS 16 die Angaben der Abschreibungsmethoden, der verwendeten Nutzungsdauern oder der Abschreibungssätze in IAS 16.73 Buchstaben (b) und (c). Dem HGB vergleichbare Schutzklauseln, wie beispielsweise § 286 Abs. 1 HGB, enthalten die IFRS nicht.

Leitsatz 3

Bestandteil des IFRS-Abschlusses

Pflichtbestandteile eines Jahresabschlusses nach IFRS sind grundsätzlich **Bilanz, Gesamtergebnisrechnung (bzw. GuV-Rechnung und Gesamtergebnisrechnung), Eigenkapitalveränderungsrechnung, Kapitalflussrechnung** und **Anhang**.

Die Bilanz besteht aus Vermögenswerten und Schulden. Das Eigenkapital bildet die Saldogröße.

Durch die GuV wird die Ertragslage dargestellt. Sie darf in Konto- oder Staffelform und nach dem UKV und GKV dargestellt werden.

Anders als nach HGB sind die Eigenkapitalveränderungsrechnung und die Kapitalflussrechnung für alle Bilanzierenden verbindliche Teile des Jahresabschlusses.

Der Anhang ist in einem IFRS-Abschluss deutlich umfangreicher als nach HGB und soll dem Leser entscheidungsrelevante Informationen über das Unternehmen liefern.

Lektion 3: Regelungen für verbundene und kapitalmarktorientierte Unternehmen

1 Verbundene Unternehmen

Schließen sich mehrere rechtlich selbstständige Unternehmen zusammen, so ist für die Rechnungslegung zwischen Tochterunternehmen, assoziierten Unternehmen und Joint Ventures zu unterscheiden und je nachdem IFRS 3 (Unternehmenszusammenschlüsse), IAS 27 (Konzern- und Einzelabschlüsse), IAS 28 (Anteile an assoziierten Unternehmen) und IAS 31 (Anteile an Gemeinschaftsunternehmen) zu beachten.

Fall 7

Die X-AG ist an drei anderen AGs beteiligt. Die Beteiligung an der A-AG beträgt 80 % der Stimmrechte, die Beteiligung an der B-AG beträgt 40 % und die an der C-AG 50 %. Sind die AGs Tochterunternehmen, assoziierte Unternehmen, sonstige Wertpapiere oder Joint Ventures (Gemeinschaftsunternehmen)?

Wie so oft im Leben kommt es auf den Einzelfall an. Dennoch kann man grundsätzlich die folgende Unterscheidung treffen:

- Tochterunternehmen sind solche, die von der Mutter beherrscht werden (IAS 27.4), d.h. die Mutter kann die Finanz- und Geschäftspolitik der Tochter bestimmen und daraus ihren Nutzen ziehen. Dies ist in der Regel der Fall, wenn die Beteiligung über 50 % liegt (IAS 27.13).

- Assoziierte Unternehmen sind solche, auf die ein Unternehmen maßgeblichen Einfluss ausüben kann (IAS 28.2). Dies wird widerlegbar vermutet, wenn die Beteiligung bei mindestens 20 % (und höchstens 50 %) liegt (IAS 28.6).

- Geringere Beteiligungen (unter 20 %) fallen unter die sonstigen Wertpapiere.

- Joint Ventures stellen gemäß IAS 31.3, unabhängig von der Beteiligungshöhe oder Stimmrechtsquote, vertragliche Vereinbarungen über eine wirtschaftliche Tätigkeit unter gemeinsamer Führung dar.

1.1 Bilanzierung von beherrschten Unternehmen

1.1.1 Der Unternehmenszusammenschluss

Ein Unternehmenszusammenschluss liegt nach IFRS 3 B5 (d.h. Anhang B Textziffer 5) dann vor, wenn ein Unternehmen - der Erwerber - die Beherrschung über ein erworbenes Unternehmen und / oder erworbene Unternehmensteile erlangt, d.h. die Finanz- und Geschäftspolitik **bestimmen** und daraus seinen Nutzen ziehen kann.

> Eine solche Beherrschung kann dabei entweder durch einen Asset Deal (Vermögenskauf) oder aber durch einen *Share Deal* (Anteilskauf) erreicht werden.

Bei einem Share Deal, also dem Unternehmenserwerb durch Kauf der Anteile an dem erworbenen Unternehmen, bilanziert das so genannte Mutterunternehmen (IFRS 3.6) auf der Ebene des **Einzelabschlusses** zunächst die gekauften Anteile an der Tochter insgesamt als einen Vermögenswert gemäß IAS 27.4. Darüber hinaus sind auf der Ebene des **Konzernabschlusses** der Mutter die Anschaffungskosten des Unternehmenserwerbs nach der **Erwerbsmethode** des IFRS 3 auf die Vermögenswerte und Schulden des erworbenen Unternehmens zu verteilen sowie ein sich ergebender Unterschiedsbetrag auszuweisen beziehungsweise über die erfolgswirksam zu vereinnahmen. Bei der Tochter führt der Kaufvorgang zu keinen bilanziellen Folgen, da sich allein die Anteilseignerstruktur ändert.

Bei einem *Asset Deal*, also dem Unternehmenserwerb mittels Aufkauf wesentlicher oder sämtlicher Vermögenswerte und Schulden, kommt es dagegen nicht zu einer Mutter-Tochter-Beziehung. Demnach besteht auch keine Verpflichtung zur Aufstellung eines Konzernabschlusses, d.h. der Kaufvorgang wird lediglich auf Ebene des Einzelabschlusses des Erwerbers abgebildet. Die Regelungen zur bilanziellen Abbildung der erworbenen Vermögenswerte und Schulden sowie des positiven bzw. negativen Unterschiedsbetrages entsprechen dabei denen des Anteilskaufes. Beim erworbenen Unternehmen entspricht der Verkaufsvorgang dem Normalfall eines Vermögenswertverkaufs.

Fall 8

Die X-AG kauft eine GmbH für 100 T € auf. Die GmbH weist in ihrer Bilanz Vermögenswerte mit einem Buchwert (Marktwert) von 50 T € (55 T €) und keine Schulden aus. Ein selbst erstellter immaterieller Vermögenswert, der sich noch in der Entwicklungsphase befindet, wird aufgrund der Nichterfüllung der Ansatzkriterien des IAS 38.57 nicht ausgewiesen. Die dabei aufgelaufenen Ausgaben belaufen sich auf 10 T €. Außerdem verfügt die GmbH über ein Markenrecht, dessen Wert im Rahmen der *Due-Dilligence*-Prüfung auf 5 T € geschätzt wurde. Weiterhin wurde die GmbH in einen Schadensersatzprozess verwickelt. Der Streitwert der Klage liegt bei 100 T €; die Wahrscheinlichkeit der Inanspruchnahme liegt bei objektiv ermittelten 5 %. Wie wird der Kaufvorgang in den Bilanzen der beiden Unternehmen abgebildet?

Es kommt darauf an, ob ein *Share Deal* oder ein *Asset Deal* vorliegt:

Im Fall des **Anteilskaufs** (Share Deal) werden die gekauften Anteile auf **Ebene des Einzelabschlusses der Mutter** insgesamt als ein Vermögenswert übernommen und gemäß IAS 27.38 Buchstabe (a) nach dem Anschaffungskostenmodell (die Beteiligung ist mit den Anschaffungskosten oder dem niedrigeren Tageswert zu bewerten) oder in Übereinstimmung mit IAS 39 (IAS 27.38 Buchstabe (b)) bilanziert. Zu Anschaffungskosten bilanzierte Anteile sind allerdings nach IFRS 5 zu bilanzieren, wenn sie gemäß IFRS 5 als zur Veräußerung eingestuft werden. An der Bewertung von nach IAS 39 bilanzierten Anteilen ändert sich in einem solchen Fall nichts.

Auf **Ebene der Tochter** hat der Kaufvorgang keine bilanziellen Folgen; lediglich die Anteilseignerstruktur ändert sich.

Im Fall des **Vermögenskaufs** (Asset Deal) werden die einzelnen Vermögenswerte und Schulden in der Bilanz der X-AG angesetzt. Entscheidend sind dabei die Anschaffungskosten der X-AG. Sie sind auf die angeschafften Vermögenswerte beziehungsweise Schulden in Anlehnung an das Verhältnis der Zeitwerte aufzuteilen (IFRS 3.18). Dies hat zur Folge, dass die stillen Reserven beziehungsweise stillen Lasten aufzudecken sind. Entsteht nach der Aufteilung des Kaufpreises ein negativer Unterschiedsbetrag, so wird er erfolgswirksam vereinnahmt (IFRS 3.34). Ergibt sich aus dem Ansatz der Zeitwerte ein positiver Unterschiedsbetrag, wird er als derivativer Geschäftswert aktiviert (IFRS 3.52).

Im Rahmen der Kaufpreisaufteilung ist zu beachten, dass auch die Vermögenswerte anzusetzen sind, die beim Veräußerer aufgrund eines **Aktivierungsverbots** nicht angesetzt werden durften (IAS 38.34, IFRS 3.13, IFRS 3.15). Gleiches betrifft die Schulden. Voraussetzung hierfür ist jedoch, dass die jeweiligen **Ansatzkriterien** erfüllt sind (IFRS 3.23). Die Separierung der immateriellen Vermögenswerte vom Geschäftswert gestaltet sich unter Umständen schwierig; dennoch darf sie nicht unterlassen werden. Dabei sind auch die Ergebnisse, die erst in der Entwicklungsphase stecken, mit ihrem Zeitwert anzusetzen (IFRS 3 B43). Lediglich die zum Verkauf bestimmten Vermögenswerte sind entsprechend den Bestimmungen des IFRS 5.5 mit den Nettoveräußerungspreisen anzusetzen (IFRS 3.31). Bezüglich der Schulden besteht die Besonderheit darin, dass auch die Eventualverbindlichkeiten (IAS 37.10), die an sich wegen IAS 37.27 nicht als Rückstellungen passiviert werden dürfen, im Rahmen der Kaufpreisverteilung zu berücksichtigen und beim Erwerber zu passivieren sind (IFRS 3.23). Voraussetzung hierfür ist, dass deren Zeitwert verlässlich bestimmt werden kann (IFRS 3.23). Eventualforderungen wiederum werden aufgrund einer fehlenden expliziten Regelung nicht angesetzt (IAS 37.31). Damit ergibt sich die folgende Buchung:

Diverse Vermögenswerte	55			
Entwicklungskosten (= immat. Vermögenswert)	10			
Markenrecht	5			
Geschäftswert	35	an	Bank	100
			Eventualschulden	5

Auf **Ebene des erworbenen Unternehmens** ergibt sich analog dem Normalfall eines Vermögenswertsverkaufs folgende Buchung:

Bank	100	an	diverse Vermögenswerte	50
			andere Erträge	50

Im Fall des **Anteilskaufs** (*Share Deal*) wäre in einem weiteren Schritt die Frage der Konzernaufstellungspflicht zu überprüfen. Ziel des Konzernabschlusses wäre es dabei die Vermögens-, Finanz- und Ertragslage des Konzerns so darzustellen, als ob ein einheitliches Unternehmen vorläge (siehe dazu auch Abschnitt 1.1.2). Die Buchungen auf Ebene des Konzerns haben daher analog zu denjenigen beim *Asset Deal* zu erfolgen.

Weiter mit Fall 8

Wie sieht die bilanzielle Behandlung aus, wenn die X-AG anstatt 100 T € nur einen 1 T € für die GmbH bezahlt hätte?

Der negative Unterschiedsbetrag i.H.v. 64 T € wird über die (Konzern-) Gewinn- und Verlustrechnung ertragswirksam vereinnahmt. Es ergibt sich folgende Buchung:

Vermögenswerte	55			
Entwicklungskosten		an	andere Erträge	64
(= immat. Vermögenswert)	10		Eventualschulden	5
Markenrecht	5		Bank	1

1.1.2 Der Konzernabschluss

Der Einzeljahresabschluss eines Unternehmens kann für den Informationsempfänger erheblich an Aussagekraft verlieren, wenn miteinander verbundene Unternehmen beim Leistungsaustausch über entsprechende Gestaltungen der Verrechnungspreise Erfolgs- und Vermögensverlagerungen vornehmen. Dies ist insbesondere bei Konzernen der Fall.

Fall 9

Die Y-GmbH und die Z-AG sind Konzerntöchter der X-AG. Die Y-GmbH verkauft Waren an die Z-AG für 200 €, obwohl zwischen fremden Dritten ein Preis von 100 € angemessen wäre. Zugleich gewährt die Z-AG der Y-GmbH ein Darlehen zu 3 % Zinsen, obwohl 8 % angemessen wären. Denken Sie bitte über die Auswirkungen auf die Informationsfunktion nach!

Durch diese Gestaltungen der schuldrechtlichen Beziehungen gelingt es, dass die Y-GmbH mehr Gewinn ausweist als eigentlich angemessen wäre und die Z-AG entsprechend weniger. Somit wird die Informationsfunktion beider Einzelabschlüsse eingeschränkt. Daher erscheint es im Hinblick auf die Informationsfunktion sinnvoll, dass Konzerne einen Konzernabschluss, d.h. einen konsolidierten (zusammengefassten) Abschluss der Konzernmutter erstellen, der auch die Töchter in den Konsolidierungskreis mit einbezieht und die gesellschaftsrechtlich veranlassten Erfolgs- und Vermögensverschiebungen eliminiert. Gemäß IAS 27.9 hat ein Mutterunternehmen einen Konzernabschluss vorzulegen und darin grundsätzlich alle in- und ausländischen Tochterunternehmen zu konsolidieren (**Weltabschlussprinzip** in IAS 27.12). Dabei sind Tochterunternehmen in IAS 27.4 als Unternehmen definiert, die von einem anderen Unternehmen (Mutterunternehmen) beherrscht werden. Eine Beherrschung liegt vor, wenn die Mutter die Finanz- oder Geschäftspolitik der Tochter bestimmen kann, um daraus einen Nutzen zu ziehen, was in der Regel dann der Fall ist, wenn die Beteiligung über 50 % liegt. Damit folgt der Konzernbegriff der IAS dem so genannten *Control*-Konzept.

Fall 10

X fragt sich, ob eine Konzernmutter, die selbst Teil (z.B. Tochter oder Enkeltochter) eines Konzerns ist, nicht schon in dessen Konzernabschluss integriert ist. Falls ja, würde das ja doppelte Arbeit bedeuten, oder?

Das sieht IAS 27.10 Buchstaben (a) – (d) auch so. Allerdings müssen für eine Befreiung von der Aufstellungspflicht eines Konzernabschlusses folgende Kriterien kumulativ erfüllt sein: Zunächst ist, sofern die Mutter nicht vollständig im Besitz einer übergeordneten Mutter (Großmutter) ist, die Zustimmung der anderen Anteileigner erforderlich. Des Weiteren darf es sich nicht um ein kapitalmarktorientiertes Unternehmen handeln und die Großmutter muss einen IFRS-Abschluss erstellen. Darüber hinaus ist gemäß IAS 27.42 im Einzelabschluss des Mutterunternehmens anzugeben, dass von der Befreiungsmöglichkeit Gebrauch gemacht wurde. Außerdem sind Firma und Sitz der übergeordneten Mutter, die den befreienden Konzernabschluss erstellt, anzuführen (IAS 27.42 Buchstabe (a)) und die Tochterunternehmen, assoziierten Unternehmen und Joint Ventures unter Angabe der Firma und des Sitzes dieser Investitionen sowie der Anteilshöhe aufzulisten (IAS 27.42 Buchstabe (b)). IAS 27.42 Buchstabe (c) verlangt schließlich die Angabe der Grundsätze, nach denen die Tochterunternehmen, assoziierte Unternehmen und Joint Ventures im Einzelabschluss bilanziert werden.

Fall 11

„Das kann doch nicht wahr sein!", pöbelt X. „Wenn meine mittelgroße GmbH irgendeine noch so kleine andere GmbH beherrscht, muss ich wegen IAS 27 auch noch einen Konzernabschluss erstellen."

Befreiungen von der Aufstellungspflicht eines Konzernabschlusses sieht IAS 27 nicht vor. Lediglich bei Tochterunternehmen, die bei Erwerb als zum Zweck der Veräußerung in Übereinstimmung mit IFRS 5 klassifiziert werden, erfolgt eine Bilanzierung gemäß IFRS 5. Armer X!

Der Grundgedanke bei der Erstellung des Konzernabschlusses ist die Einheitstheorie, nach welcher der Jahresabschluss so aufgestellt werden muss, als ob die einbezogenen Unternehmen ein einziges Unternehmen wären (IAS 27.4). Er fasst die Einzelbilanzen und Einzel-GuV der zu einem Konzern gehörigen Unternehmen zusammen und eliminiert die Geschäftsbeziehungen, die zwischen den Konzernunternehmen bestehen. Lediglich die Beziehungen zur „restlichen" Umwelt werden ausgewiesen.

Der Konzernabschluss stellt keine Alternative zum Einzelabschluss dar, sondern wird zusätzlich erstellt. Wie der Einzelabschluss nach IFRS dient er nicht als Zahlungsbemessungsgrundlage, sondern lediglich als Informationsinstrument. IAS 27.4 weist explizit darauf hin, dass die Konzernunternehmen im Konzernabschluss als eine wirtschaftliche Einheit betrachtet werden (**Einheitstheorie**).

Für Fall 11 bedeutet dies, dass zunächst die einzelnen Bilanzen und GuV schlicht addiert werden (IAS 27.18). Da dann in der gemeinsamen Bilanz z.B. durch ein Darlehen eine Forderung und eine Verbindlichkeit in gleicher Höhe bestehen, werden diese aus der konsolidierten Bilanz gestrichen. In der konsolidierten GuV werden analog der Zinsaufwand und der Zinsertrag eliminiert. Bei dem innerkonzernlichen Warengeschäft erfolgt die Konsolidierung auf entsprechende Weise. Die Konsolidierungsverfahren sind in IAS 27.18 bis IAS 27.37 dargestellt. IAS 27.41 fordert von Konzernen zudem zusätzliche Angaben.

1.2 Bilanzierung von assoziierten Unternehmen

Die Bilanzierung von verbundenen Unternehmen im Einzelabschluss ist einheitlich in IAS 27.38 geregelt. Demnach besteht auch für alle nicht zur Veräußerung gehaltenen Anteile an assoziierten Unternehmen gemäß IFRS 5 ein Wahlrecht zwischen der Anwendung des Anschaffungskostenmodells und einer Bilanzierung gemäß IAS 39. Lediglich die zu Anschaffungskosten bilanzierten Anteile werden gegebenenfalls nach IFRS 5 bilanziert.

Besteht für ein Mutterunternehmen im Sinne von IAS 27.4, das auch Anteile an assoziierten Unternehmen hält, eine Pflicht zur Konzernabschlussaufstellung gemäß IAS 27.9, so sind Anteile an assoziierten Unternehmen, ausgenommen der zur Veräußerung gehaltene Anteile gemäß IFRS 5, im **Konzernabschluss** nach der *Equity*-Methode zu bilanzieren. Auf eine Anwendung der ***Equity*-Methode** darf nur verzichtet werden, wenn folgende Kriterien kumulativ erfüllt sind: Zunächst ist, sofern der Investor selbst Tochterunternehmen, aber nicht im vollständigen Besitz einer übergeordneten Mutter ist, die Zustimmung der anderen Anteileigner erforderlich. Des Weiteren darf es sich bei dem Investor nicht um ein kapitalmarktorientiertes Unternehmen handeln und schließlich muss ein dem Investor übergeordnetes Mutterunternehmen einen IFRS-Abschluss erstellen (IAS 28.13).

Fall 12

X ist natürlich wieder unzufrieden. Bisher konnte er ja noch folgen, aber wie diese *Equity*-Methode funktioniert, ist ihm unklar. Können Sie diese erläutern?

Die ***Equity*-Methode** wird in IAS 28.11 f. beschrieben. Sie wird gelegentlich auch **Spiegelbildmethode** genannt, weil der im Mutterunternehmen ausgewiesene Beteiligungswert das Spiegelbild des Eigenkapitals des Tochterunternehmens darstellt.

Fall 13

Die X-AG ist zu 40% an der Y-GmbH beteiligt. Das Eigenkapital der GmbH beträgt zum 01.01.01 10 Mio. €. Mit dem anteiligen Wert (4 Mio. €) steht die Beteiligung auch in der Bilanz der Mutter. In 01 erzielt die Tochter einen Jahresüberschuss i.H.v. 1 Mio. €. Hiervon schüttet sie in 02 die Hälfte an die Gesellschafter aus. Wie entwickelt sich der Wert der Beteiligung, wenn diese mittels der *Equity*-Methode bewertet wird?

Durch den Jahresüberschuss steigt das Eigenkapital der Tochter um 1 Mio. € und damit der Wert der Beteiligung zum 31.12.01 auf 4,4 Mio. €.

Diese Zuschreibung wird bei der Mutter erfolgswirksam gebucht. Wird in 02 eine Ausschüttung i.H.v. 50 % beschlossen und vorgenommen, sinkt das Eigenkapital der Tochter und damit auch der Wert der Beteiligung um 0,2 Mio €. Zugleich hat die Mutter aber eine Forderung beziehungsweise einen Geldzufluss durch die Ausschüttung zu aktivieren. Im Ergebnis bewirkt die Ausschüttung bei ihr also einen Aktivtausch.

Die *Equity*-**Methode** ist insbesondere in Staaten umstritten, in denen das Realisationsprinzip streng ausgelegt wird. Da die Mutter bei Entstehung des Gewinns noch keinen Gewinnanspruch hat, werden bei ihr unrealisierte Gewinne ausgewiesen.

1.3 Bilanzierung von Gemeinschaftsunternehmen

Fall 14

Ein gemeinschaftsunternehmen (Joint Venture) soll eine vertragliche Vereinbarung über eine wirtschaftliche Tätigkeit unter gemeinsamer Führung sein. Diese Definition ist unserem X zu wenig konkret. Wenn die X-AG mit der Q-AG kooperiert, indem man gemeinsam eine Fertigungsstraße kauft, auf der jedes Unternehmen seine eigenen Erzeugnisse produzieren kann, ist das ein Gemeinschaftsunternehmen?

Ja, auch! IAS 31.7 stellt fest, dass Joint Ventures in vielen verschiedenen Formen und Strukturen auftreten. Um etwas System in die bilanzielle Behandlung zu bringen, unterscheidet der Paragraf zwischen drei **Haupttypen**:

Gemeinschaftliche Tätigkeiten sind die schwächste Form (IAS 31.13 bis IAS 31.17). Hier werden lediglich gemeinsame Projekte durchgeführt, ohne dass ein Gemeinschaftsunternehmen gegründet oder gemeinschaftliches Vermögen gebildet wird. IAS 31.14 nennt Beispiele, etwa die gemeinsame Herstellung eines Flugzeuges, wobei jeder Partner bestimmte Produktionsstufen übernimmt. Dementsprechend bilanziert auch jeder Partner seine eigenen Vermögenswerte und Schulden. Eigene Aufwendungen gehen in die jeweilige GuV ein, gemeinschaftlich getragene Aufwendungen und Erträge werden entsprechend der vertraglichen Regelung aufgeteilt (IAS 31.15).

Vermögenswerte unter gemeinschaftlicher Führung nach IAS 31.18 bis IAS 31.23 liegen vor, wenn gemeinschaftliches Vermögen gebildet wird.

IAS 31.20 nennt als klassische Beispiele die Öl-, Gas- und Mineralölgewinnung; wenn sich etwa mehrere Erdölförderer zusammenschließen und eine gemeinsame Pipeline nutzen. Dieses Vermögen wird gemäß IAS 31.21 im Einzel- beziehungsweise Konzernabschluss jedes Partners anteilig bilanziert; ebenso anteilige Schulden, Erträge und Aufwendungen. Vermögenswerte, Schulden, Erträge und Aufwendungen, die dem Partnerunternehmen allein zuzurechnen sind, werden von ihm auch allein in seinem Abschluss erfasst.

Gemeinschaftlich geführte Unternehmen nach IAS 31.24 bis IAS 31.29 sind der stärkste Haupttyp eines Gemeinschaftsunternehmens. Sie liegen vor, wenn tatsächlich ein gemeinsames, wirtschaftlich aktives Unternehmen gegründet wird. Nur in diesem Fall ist für das Gemeinschaftsunternehmen auch eine eigene Rechnungslegung vorgeschrieben (IAS 31.28). Alle finanziellen Mittel und Ressourcen, die in das Gemeinschaftsunternehmen eingelegt werden, sind bei den Partnerunternehmen als Anteil an gemeinschaftlich geführten Unternehmen zu bilanzieren (IAS 31.29). Im **Einzelabschluss** wird dem Bilanzierenden, vorausgesetzt es liegen keine zur Veräußerung gehaltenen Anteile i.S.v. IFRS 5 vor, wie bei „normalen" Töchtern und assoziierten Unternehmen ein Wahlrecht zwischen dem Anschaffungskostenmodell und einer Bilanzierung als Finanzinstrument entsprechend IAS 39 gewährt (IAS 27.38).

Im **Konzernabschluss** hat das Partnerunternehmen als Benchmark-Methode eine **Quotenkonsolidierung** vorzunehmen (IAS 31.30 bis IAS 31.37). Durch IAS 31.38 bis IAS 31.41 ist aber auch alternativ die Anwendung der ***Equity*-Methode** gestattet. In Ausnahmefällen (Klassifizierung als zur Veräußerung gehalten gemäß IFRS 5) sieht IAS 31.42 die Bilanzierung nach IFRS 5 vor.

Leitsatz 4

!

Verbundene Unternehmen

Im **Einzelabschluss** wird das durch **Anteilskauf** (Share Deal) erworbene Unternehmen als Beteiligung ausgewiesen, unabhängig davon, ob es sich um ein beherrschtes oder assoziiertes Unternehmen handelt. Die Bewertung darf nach dem Anschaffungskostenmodell oder alternativ nach IAS 39 erfolgen.

Im **Einzelabschluss** werden das durch **Vermögenskauf** (*Asset Deal*) erworbene (auch das immaterielle!) Vermögen und die Schulden mit dem beizulegenden Zeitwert ausgewiesen. Eine verbleibende Differenz zum Kaufpreis wird als Geschäftswert aktiviert.

Im **Konzernabschluss** werden beherrschte Unternehmen vollkonsolidiert und assoziierte Unternehmen nach der *Equity*-Methode ausgewiesen.

2 Zusatzverpflichtungen kapitalmarktorientierter Unternehmen

Fall 15

X hat von Freunden gehört, dass diese viel Geld mit Aktien von börsennotierten Unternehmen verdienen. Das möchte er nun ebenfalls tun, da sich die Verzinsung seines Sparbuchs doch eher in engen Grenzen hält. Die IFRS sehen für solche kapitalmarktorientierten Unternehmen zusätzliche Informationspflichten vor. Was könnte der Grund sein?

Sie sollten sich nochmals verdeutlichen, dass Aktionäre die Eigentümer der Unternehmen (AG oder KGaA) sind. Als Eigentümer hat man grundsätzlich auch Möglichkeiten, auf die Geschäftsführung einzuwirken (so etwa die persönlich haftenden Gesellschafter einer Personengesellschaft) oder zumindest Kontrollrechte wahrzunehmen. Werden aber die Aktien auf einem Kapitalmarkt (Börse) gehandelt, sind diese Möglichkeiten für viele Anleger faktisch sehr begrenzt. Daher sollen die Sonderregelungen für kapitalmarktorientierte Unternehmen, die in IFRS 8 (Geschäftssegmente), IAS 33 (Ergebnis je Aktie) und IAS 34 (Zwischenberichterstattung) geregelt sind, für eine gewisse Kompensation bei den Aktionären beziehungsweise potenziellen Aktionären sorgen. Durch diese zusätzlichen Informationen soll also der Kapitalmarkt transparenter werden.

Weiter mit Fall 15

X interessiert sich außerdem für ein Unternehmen, das noch nicht börsennotiert ist, den Gang an die Börse aber bereits in die Wege geleitet hat. Trifft solche Unternehmen ebenfalls die Verpflichtung, besagte zusätzliche Informationen bereitzustellen?

Ja! Dies schreibt beispielsweise IRFS 8.2 explizit für die Segmentsberichtserstattung vor. Auch das deutsche HGB sieht für solche Unternehmen die gleichen Verpflichtungen wie für börsennotierte Unternehmen vor (§ 315a Abs. 2 HGB).

Weiter mit Fall 15

X berichtet am Abend strahlend seiner Freundin von seinen neuen Erkenntnissen. Als diese lediglich erwidert, dass er nun doch bitte mal erläutern soll, welche Zusatzinstrumente dies sind, errötet X ob seiner Unwissenheit. Und Sie?

Sie brauchen natürlich nicht zu erröten. Wenn Sie das bereits wüssten, würden Sie dieses Buch nicht lesen.

> Die IFRS sehen drei **Zusatzinstrumente** vor. Dies sind die Segmentberichterstattung (IRFS 8), die Zwischenberichterstattung (IAS 34) und das Ergebnis je Aktie (IAS 33).

2.1 Segmentberichterstattung

Fall 16

X hat inzwischen mehrere Favoriten für sein Depot, weiß aber nicht so recht, was er über sie aus dem jeweiligen Abschluss erfährt. Sein Problem ist, dass die Unternehmen in den verschiedensten Produktions- beziehungsweise Dienstleistungsbereichen sowie Regionen der Welt tätig und diese Bereiche mit verschiedenen Ertrags- und Wachstumschancen sowie Risiken behaftet sind. Welches Problem ergibt sich für ihn bei der Analyse eines klassischen Abschlusses?

Der Erfolg eines Unternehmens setzt sich regelmäßig durch Aktivitäten auf verschiedenen Märkten zusammen. Dies können verschiedene Regionen, aber auch Geschäftsbereiche sein. Möglicherweise sind die

Teilerfolge in diesen Marktsegmenten sehr unterschiedlich. Dies ist aber aus dem Jahresabschluss aufgrund der **fehlenden Erfolgsaufspaltung** nicht ersichtlich. Um dieser Unzulänglichkeit entgegen zu wirken, wird in IRFS 8 die **Segmentberichterstattung** für kapitalmarktorientierte Unternehmen als Teil des Anhangs vorgeschrieben. Das kennt unser X bereits aus dem § 297 Abs. 1 Satz 2 HGB, der ebenfalls vorsieht, dass der handelsrechtliche Konzernabschluss um eine Segmentberichterstattung erweitert werden darf (Wahlrecht). Die Segmentberichterstattung soll (so IRFS 8, Grundprinzip) den Abschlussadressaten helfen, die bisherige Ertragskraft des Unternehmens besser zu verstehen, dessen Risiken und Chancen besser einzuschätzen und das Unternehmen sachgerechter beurteilen zu können.

> IFRS 8.5 ist die Grundlage zur Bestimmung von **Geschäftssegmenten.** Geschäftssegmente sind Geschäftsbereiche, deren Betriebsergebnisse regelmäßig vom Management im Hinblick auf Entscheidungen über die Allokation von Ressourcen zu diesen Bereichen und die Bewertung ihrer Ertragskraft überprüft werden und für die separate Finanzinformationen vorliegen. (IRFS 8.5)

Fall 17

Dies hat X verstanden. Allerdings ist ihm noch unklar, wie die Erfolge den einzelnen Segmenten zugeordnet werden. Haben Sie eine Idee?

Zwei Wege führen in diesem Fall nach Rom. Theoretisch könnte man erst den Erfolg des Unternehmens als ganzen ermitteln und ihn dann auf die einzelnen Segmente aufteilen oder man ermittelt ihn gleich für jedes Segment getrennt und addiert dann die Ergebnisse zum Gesamterfolg. Genau dies machen die **Aufteilungs-** und die **Autonomiemethode**. Die Aufteilungsmethode verteilt die einzelnen Posten aus dem Abschluss auf die Segmente. Das zweite Konzept, die Autonomiemethode, behandelt die Segmente wie eigenständige Unternehmen und die Segmentinformationen werden infolge dessen wie Einzelabschlüsse erstellt.

Immer noch Fall 17

Auch dies hat X verstanden. Ihm ist aber immer noch unklar, ob die Unternehmen nun ihre Segmente auch nach Regionen oder Geschäftsbereichen differenzieren.

Ja. In IFRS 8.32 wird verlangt, dass Umsatzerlöse von externen Kunden für jedes Produkt und jede Dienstleistung bzw. für jede Gruppe vergleichbarer Produkte und Dienstleistungen auszuweisen sind, es sei denn, die Informationen sind nicht verfügbar und die Kosten für ihre Erstellung wären übermäßig hoch. Darüber hinaus fordert IFRS 8.33, dass die Unternehmen auch bestimmte geographische Angaben zu machen sind. Auch in diesem Fall kann auf die Angabe nur dann verzichtet werden, wenn die erforderlichen Informationen nicht verfügbar sind und die Kosten für ihre Erstellung übermäßig hoch liegen würden. Die Nutzung dieser Ausnahme ist anzugeben.

Fall 18

Bedeutet die Pflicht zur Segmentberichterstattung, dass etwa ein Unternehmen, das in der Regel nur auf einem regionalen Markt tätig ist und geringfügige andere Regionen beliefert, diese extra aufführen muss?

Das wäre wohl übertrieben. Informationsnutzen und Informationskosten sollten nicht in einem unangemessenen Verhältnis zueinander stehen. Daher erfolgt eine weitere Abgrenzung der Segmente in berichtspflichtige und vernachlässigbare. Ein Segment ist gemäß IFRS 8.13 Buchstaben (a) bis (c) dann berichtspflichtig, wenn ein Großteil der Erlöse aus Verkäufen an Dritte entsteht, die Segmenterlöse und das Segmentergebnis mehr als 10 % des Gesamtumsatzes aller Segmente ausmachen oder das Segmentvermögen mehr als 10 % der Vermögenswerte aller Segmente in sich bindet. Es ist zu beachten, dass die aufgeteilten Segmente in der Summe mindestens 75 % des Gesamtumsatzes ausmachen müssen (IFRS 8.15). Sollte dies nicht der Fall sein, so werden auch Segmente, die unterhalb der 10 %-Schwelle liegen, weiter untergliedert, bis mindestens 75 % der Umsatzerlöse des Unternehmens auf berichtspflichtige Segmente entfällt.

2.2 Zwischenberichterstattung

X stellt sich die Frage, ob er seine Anlageentscheidungen tatsächlich von Jahresabschlüssen abhängig machen soll, die Ereignisse beschreiben, die zum Teil weit in der Vergangenheit liegen. „Natürlich reicht das nicht!" denkt X und greift sofort zum Telefon, um den Vorstand des Unternehmens anzurufen, dessen Aktien er in seinem Depot hält. Dort wird er auf die Zwischenberichte verwiesen.

Um aktuellere Zahlen über das Unternehmen zu erhalten, wurde IAS 34 eingeführt. Die Zwischenberichterstattung erfolgt außer-halb der regelmäßigen Vorlage des Jahresabschlusses und enthält den Mindestinhalt und die Grundsätze der Erfassung und Bewertung des Abschlusses in vollständiger (IAS 1) oder verkürzter (IAS 34.4) Weise.

Dieser Standard enthält **keine** Vorschriften darüber, wann ein Zwischenbericht zu erstellen ist, sondern überlässt gemäß IAS 34.1 diese Festlegung den nationalen Institutionen (Gesetzgeber, Börsen etc.). So ist z.B. in Deutschland ein börsennotiertes Unternehmen gemäß § 40 BörsG zur Aufstellung eines Halbjahresberichts verpflichtet. Zudem sind Unternehmen, die im DAX gelistet sind, zur quartalsmäßigen Herausgabe eines Abschlusses verpflichtet. Der Standard beschreibt, welchen Inhalt ein solcher Zwischenbericht haben soll.

Der Zwischenbericht stellt eine Aktualisierung des letzten Abschlusses dar und hat nach IAS 34.8 mindestens

- eine verkürzte Bilanz,
- eine verkürzte Gesamtergebnisrechnung bzw. eine verkürzte GuV-Rechnung und eine verkürzte Gesamtergebnisrechnung,
- die verkürzte Eigenkapitalveränderungsrechnung,
- eine verkürzte Kapitalflussrechnung und
- einen erläuternden Anhang aufzuweisen.

Hierin sind alle wesentlichen Ereignisse und Geschäftsvorfälle einzubeziehen, die vom Beginn des Geschäftsjahres bis zum Zwischenberichtstermin auftreten. Zusätzlich enthält IAS 34.16 einen Katalog von berichtspflichtigen weiteren Ereignissen, sofern deren Darstellung für das Verständnis des Zwischenberichts wesentlich ist. Ist etwa ein Unternehmen zur Segmentberichterstattung nach IRFS 8 verpflichtet, so sind auch die in IAS 34.16 (d) geforderten Informationen anzugeben. Hinzu kommt, dass das unverwässerte und das verwässerte Ergebnis je Aktie (IAS 34.11) enthalten sein muss, wenn das Unternehmen dem IAS 33 unterliegt.

2.3 Ergebnis je Aktie

Durch IAS 33 sollen Leitlinien für die Ermittlung und Präsentation des Ergebnisses je Aktie entwickelt werden. Diese Kennzahl verhilft so zu einem besseren Vergleich zwischen kapitalmarktorientierten Unternehmen bezüglich ihrer Ertragskraft (IAS 33.1). Ein Unternehmen, das nicht kapitalmarktorientiert ist, aber freiwillig sein Ergebnis je Aktie angibt, hat IAS 33 ebenfalls anzuwenden (IAS 33.3).

IAS 33 unterscheidet zwischen dem unverwässerten (IAS 33.9 bis IAS 33.29) und dem verwässerten Ergebnis (IAS 33.30 bis IAS 33.63) je Aktie.

> Das unverwässerte Ergebnis je Aktie stellt das reine Ergebnis der Stammaktien dar. Das verwässerte Ergebnis je Aktie entsteht hingegen, wenn Finanzinstrumente berücksichtigt werden, die in Aktien umgetauscht werden **können** (potenzielle Stammaktien).

Mit Verwässerung ist gemeint, dass der Gewinn / Verlust der Finanzinstrumente zu berücksichtigen ist und sich hierdurch das Ergebnis verändern kann. Es dient als Worst-Case-Wert unter der Annahme, dass sämtliche Ereignisse eintreten, die zu einer Verwässerung (Verschlechterung des Ergebnisses je Aktie) des Kapitals führen, d.h. eine Erhöhung der Anzahl der Stammaktien zur Folge haben, die zu weniger als deren beizulegenden Wert ausgegeben werden.

Leitsatz 5

> **Börsenorientierte Unternehmen**
>
> Börsennotierte Unternehmen und solche, die den Gang an die Börse bereits in die Wege geleitet haben, haben zusätzlich in den Jahresabschluss eine **Segmentberichterstattung** zu integrieren und das **Ergebnis je Aktie** auszuweisen. Außerdem sind durch sie **Zwischenberichte** zu erstellen.

II. Ansatz und Bewertung im IFRS-Abschluss

Lektion 4: Ansatz- und Bewertungsgrundsätze der IFRS

1 Grundannahmen des IFRS-Abschlusses

Wie Sie nun gelernt haben, besteht das Ziel der IFRS-Rechnungslegung darin, Adressaten Informationen über die Vermögens- und Finanzlage, die Ertragslage und die Veränderungen der Vermögens- und Finanzlage zur Verfügung zu stellen. Damit IFRS-Abschlüsse diesem Ziel gerecht werden, sind sie gemäß F. 22 nach dem Grundsatz der Periodenabgrenzung aufzustellen.

> Nach dem Grundsatz der Periodenabgrenzung (= Grundsatz der periodengerechten Erfolgsermittlung) werden die monetären Auswirkungen von Geschäftsvorfällen und anderen Ereignissen in der Periode ergebniswirksam erfasst, in der sie **auftreten**, und nicht, wenn bezahlt wird.

Ein- und Auszahlungen sind folglich nicht im Zeitpunkt ihres Zu- oder Abflusses erfolgswirksam zu buchen, sondern werden den Perioden zugeordnet, denen sie wirtschaftlich zugehören. Die Aufwands- und Ertragsperiodisierung auf der Grundlage einer geordneten kaufmännischen Buchführung hat in einem IFRS-Abschluss somit fundamentale Bedeutung.

Bei der Aufstellung eines IFRS-Abschlusses ist gemäß F. 23 weiterhin von der Annahme auszugehen, dass das Unternehmen auf absehbare Zeit, gemeint ist ein Zeitraum von mindestens zwölf Monaten nach dem Abschlussstichtag, fortgeführt wird (Grundsatz der Unternehmensfortführung). Hiernach wird angenommen, dass das Management weder die Absicht hat, noch gezwungen ist, das Unternehmen als Ganzes oder wesentliche Geschäftsteile stillzulegen (anderenfalls greift IFRS 5). Für die Prüfung der Unternehmensfortführung sind grundsätzlich die Verhältnisse am Bilanzstichtag maßgebend.

Fall 19

Das findet X zwar hochinteressant; nur kann er keine Konsequenzen, die sich aus dieser Annahme ergeben, erkennen. Denken Sie kurz am Beispiel von Eisenbahnschienen über die Bedeutung des Grundsatzes der Unternehmensfortführung für die Bewertung von Anlagevermögen nach!

Stellen Sie sich bitte kurz das Anlagevermögen eines Bahnunternehmens vor. Unterstellt man in absehbarer Zeit eine Liquidation des Unternehmens, so sind die Schienen wahrscheinlich nur noch mit ihrem Schrottwert zu bewerten. Dieser wird gering sein, da beim Verkauf noch die Demontageausgaben anfallen. Bei Unternehmensfortführung ist aber nicht der Metallwert (Nettoveräußerungspreis) der Schienen entscheidend, sondern der Ertragswertbeitrag der Eisenbahnstrecke (Nutzungswert).

Fall 20

„Das ist aber kein Unterschied zum HGB!", mosert X. „Dort gilt gemäß § 252 Abs. 1 Nr. 2 HGB ebenfalls der Grundsatz der Unternehmensfortführung. Haben Sie sonst nichts zu bieten?"

Doch! Versuchen Sie sich bitte an folgendem Sachverhalt:

Fall 21

Die X-GmbH hat ein mit einer Produktionshalle bebautes Grundstück in ihrem Betriebsvermögen. Die Produktionshalle stellt den größten Vermögenswert der X-GmbH dar. Zum Jahreswechsel fällt dieses Gebäude den Silvesterfeierlichkeiten zum Opfer. Die Feuerwehr konnte genau rekonstruieren, dass die Produktionshalle am 01.01.02 von einer verirrten Rakete getroffen wurde. Da kein Versicherungsschutz besteht, sieht die Geschäftsleitung keine realistische Alternative zur Einstellung des Geschäftbetriebs. Muss die X-GmbH das Gebäude zum 31.12.01 außerplanmäßig abschreiben? Der Jahresabschluss der X-GmbH wird am 31.01.02 zum 31.12.01 aufgestellt.

Am Abschlussstichtag (31.12.01) hat die Produktionshalle noch existiert. Nach § 252 Abs. 1 Nr. 4 HGB wäre für den HGB-Abschluss keine außerplanmäßige Abschreibung vorzunehmen, da das Schaden bringende Ereignis nach dem Bilanzstichtag stattfand. Nach IFRS darf die X-GmbH den Abschluss nicht mehr unter der Annahme der Unternehmensfortführung aufstellen. Obwohl der Brand ein Ereignis des neuen Jahres und damit eine wertbeeinflussende Tatsache ist, muss die Produktionshalle zum 31.12.01 vollständig abgeschrieben werden.

Ein Unterschied zum Handelsrecht besteht also darin, dass in einem IFRS-Abschluss bei der *Going-Concern*-Prüfung, also wenn die Unternehmensfortführung fraglich ist, nicht nur **wertaufhellende Ereignisse** sondern auch **wertbeeinflussende Ereignisse** nach dem Abschlussstichtag zu berücksichtigen sind (IAS 10.14 ff.). Verschlechtert sich die Vermögens-, Finanz- oder Ertragslage **nach dem Abschlussstichtag**, aber vor Aufstellung des Abschlusses, beispielsweise infolge von Enteignungen durch die öffentliche Hand, Zerstörung bedeutender Produktionsstätten oder beginnender umfangreicher Rechtsstreitigkeiten derart, dass nicht mehr von einer Unternehmensfortführung ausgegangen werden kann, so ist dies bei der Aufstellung des IFRS-Abschlusses zu berücksichtigen.

Leitsatz 6

Grundannahmen des IFRS-Abschlusses

Die Grundannahmen bilden die Basis einer Abschlusserstellung, die auf den Nutzen für wirtschaftliche Entscheidungen ausgerichtet ist. Zu diesen Grundannahmen zählen das Konzept der Periodenabgrenzung und die Annahme der Unternehmensfortführung. Beide Annahmen werden in IAS 1 wiederholt (IAS 1.27 und IAS 1.25).

2 Qualitative Anforderungen an den IFRS-Abschluss

Damit ein IFRS-Abschluss ein den tatsächlichen Verhältnissen entsprechendes Bild der Vermögens-, Finanz- und Ertragslage des Unternehmens sowie der Zahlungsströme gemäß F. 46 widerspiegelt (*True and Fair View*), müssen die in ihm enthaltenen Informationen gemäß F. 24 bis F. 42 folgende **qualitative Anforderungen** erfüllen:

Verständlichkeit, **Relevanz**, **Verlässlichkeit**, **Vergleichbarkeit**. Bei der Informationsgewährung sind weiterhin die so genannten **einschränkenden Bedingungen** zu beachten. Dies sind die **Zeitnähe** der vermittelten Information, die **Abwägung von Nutzen und Kosten der Berichterstattung** sowie der **abwägende Kompromiss** zwischen der Erfüllung der einzelnen qualitativen Anforderungen. Eine Zusammenfassung der qualitativen Anforderungen an den IFRS-Abschluss vermittelt Übersicht 4.

Übersicht 4: Qualitative Anforderungen an den IFRS-Abschluss

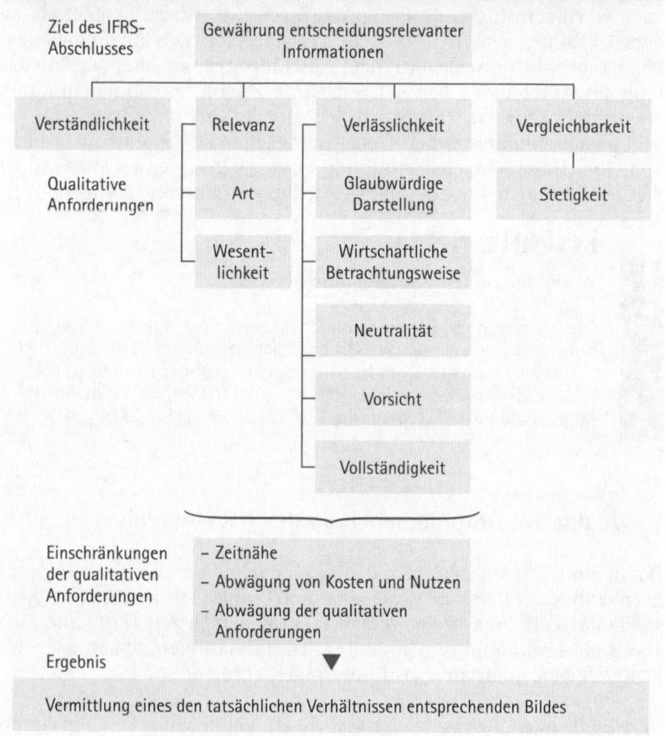

Der Grundsatz der Verständlichkeit verlangt, dass die in einem IFRS-Abschluss vermittelten Informationen für einen sachverständigen Leser leicht verständlich sind. Allerdings dürfen Informationen nicht allein deshalb von einer Veröffentlichung ausgeschlossen werden, weil sie für bestimmte Abschlussleser als zu kompliziert angesehen werden (F. 25).

Der in F. 26 bis F. 28 formulierte **Grundsatz der Relevanz** verlangt, dass die vermittelten Informationen für die Adressaten **entscheidungsrelevant** sein müssen. Informationen sind dann entscheidungsrelevant, wenn sie die wirtschaftlichen Entscheidungen der Adressaten beeinflussen, indem sie ihnen bei der Beurteilung vergangener, gegenwärtiger oder künftiger Ereignisse helfen oder ihre Einschätzungen aus der Vergangenheit bestätigen oder korrigieren. Der Grundsatz der Relevanz hat eine **qualitative** und **quantitative Dimension**. So sind beispielsweise Informationen über Warenbestände, Forderungen, Segmente oder Beteiligungen an anderen Unternehmen nach **Art und Wesen** stets entscheidungsrelevant (= **qualitative Relevanz**). Auf die Größe dieser Abschlussposten kommt es nicht an. Eine andere Beurteilung ergibt sich beispielsweise bei den Sachanlagen.

Fall 22

Die X-AG, die nach IFRS bilanziert, erwirbt einen neuen Bürosessel für den Leiter des Rechnungswesens für 410 € netto. Ist es notwendig, diesen im Anlagevermögen zu aktivieren und planmäßig abzuschreiben?

In diesem Fall kann in der Regel nach dem **Grundsatz der Wesentlichkeit** auf eine explizite Bilanzierung verzichtet werden, da dieser Abschlussposten von untergeordneter Bedeutung für die Lösung der Entscheidungsprobleme der Adressaten ist (= **quantitative Relevanz**). Allerdings ist im Framework die Festlegung einer **quantitativen Wesentlichkeitsgrenze** nicht zu finden.

Fall 23

Die X-AG, die nach IFRS bilanziert, produziert und vertreibt Plastikscheiben für die Automobilindustrie. Die Bilanzsumme beträgt 50 Mio. €. Die Herstellungskosten einer Plastikscheibe belaufen sich auf 0,11 €; der Verkaufspreis ist mit 0,24 € kalkuliert. Am 31.12.01 befinden sich noch 100.000 Plastikscheiben im Fertigerzeugnislager. Der Vorstandsvorsitzende der X-AG, Herr Schlaumeyer, ist der Auffassung, dass dieser Bestand an Fertigerzeugnissen nicht aktiviert werden muss, da er nur 0,02 % der Bilanzsumme ausmacht. Zu Recht?

Nein! Fertigerzeugnisse sind unabhängig von ihrem Wert und unabhängig von ihrem prozentualen Anteil an der Bilanzsumme stets zu aktivieren. Dieser Bilanzposten ist nach seiner Art für die Jahresabschlussadressaten immer entscheidungsrelevant, da er einen unmittelbaren Ertragsbezug aufweist. Schließlich werden durch den späteren Absatz dieser Bestände Umsatzerlöse erwirtschaftet.

Der in F. 31 bis F. 38 beschriebene **Grundsatz der Verlässlichkeit** verlangt, dass die vermittelten Informationen frei von wesentlichen Fehlern und Verzerrungen sein müssen. Er wird durch folgende **Einzelgrundsätze** konkretisiert:

- glaubwürdige Darstellung,
- wirtschaftliche Betrachtungsweise,
- Neutralität,
- Vorsicht und
- Vollständigkeit.

Der **Grundsatz der glaubwürdigen Darstellung** verlangt, dass sich die vermittelten Informationen auf objektive und nachvollziehbare Geschäftsvorfälle und Ereignisse beziehen müssen (F. 33 bis F. 34). Sie müssen frei von bewussten Veränderungen seitens des Abschlusserstellers sein (= **Abwesenheit von Bilanzpolitik**). Ereignisse und Geschäftsvorfälle, die nicht verlässlich abgeschätzt werden können, werden nicht bilanziert. Die Aktivierung eines originären Firmenwertes würde wegen der damit verbundenen Bewertungsprobleme der glaubwürdigen Darstellung zuwiderlaufen.

Der **Grundsatz der wirtschaftlichen Betrachtungsweise** verlangt, dass Geschäftsvorfälle nach ihrem tatsächlichen wirtschaftlichen Gehalt und nicht allein entsprechend ihrer rechtlichen Gestaltung im Abschluss angegeben und bewertet werden (F. 35). Dies bedeutet, dass eine Bilanzierung grundsätzlich bei demjenigen erfolgt, der den **überwiegenden Nutzen** aus dem Geschäftsvorfall zieht und auch das **Risiko** trägt. Eine Informationsvermittlung nach wirtschaftlichem Gehalt ist bei **Lieferun-**

gen unter Eigentumsvorbehalt, **Sicherungsübereignungen**, **langfristiger Auftragsfertigung** oder **Leasing** von zentraler Bedeutung.

Fall 24

Die X-AG übereignet zur Sicherheit für ein Darlehen am 02.01.01 eine technische Anlage an ihre Hausbank. Nach den vertraglichen Vereinbarungen verbleibt die technische Anlage zur weiteren Nutzung bei der X-AG. Die Hausbank hat sich vertraglich verpflichtet, das Sicherungsrecht nur bei ausbleibender Kredittilgung auszuüben. Die X-AG leistet alle Zins- und Tilgungszahlungen stets pünktlich. Wer bilanziert die technische Anlage?

Die technische Anlage ist beim Sicherungsgeber zu bilanzieren. Die Verfügungsgewalt über das Sicherungsgut ist bei der X-AG verblieben. Damit zieht die X-AG auch weiterhin den überwiegenden Nutzen aus der technischen Anlage und trägt auch die Risiken (z.B. technische Defekte oder Zerstörung), die sich aus der Aufstellung und Nutzung der technischen Anlage im Betrieb ergeben.

Der **Grundsatz der Neutralität** verlangt eine objektive und damit willkürfreie Informationsvermittlung (F. 36). Die Bilanzierenden dürfen folglich Informationen nicht in der Absicht gestalten, erwünschte Ergebnisse auf Seiten der Abschlussadressaten zu erzielen.

Fall 25

Der Finanzvorstand der X-AG erwartet für das Geschäftsjahr 02 einen drastischen Umsatzrückgang. Er beabsichtigt daher, das große Betriebsgrundstück, das derzeit mit einem Buchwert von 20 Mio. € in der Bilanz steht, in 01 außerplanmäßig abzuschreiben, um stille Reserven legen zu können. Für 02 plant er, die in 01 gelegten stillen Reserven wieder aufzulösen, um so die Periodenergebnisse stabil zu halten. Er glaubt, dass diese Vorgehensweise insbesondere den Interessen der Investoren gerecht wird, da ihnen so schlaflose Nächte erspart bleiben. Ist diese Vorgehensweise mit dem Grundsatz der Neutralität vereinbar?

Nein! Der Grundsatz der Neutralität verlangt eine **wertfreie Informationsvermittlung**. Die bewusste Durchführung von Bilanzpolitik, d.h. auch die bewusste Beeinflussung der Vermögenswertdarstellung durch Bildung stiller Reserven, soll in einem IFRS-Abschluss ausgeschlossen sein.

Der **Grundsatz der Vorsicht** verlangt, dass bei Ermessensentscheidungen unter Unsicherheit Vermögenswerte oder Erträge nicht zu hoch und Schulden oder Aufwendungen nicht zu niedrig angesetzt werden (F. 37). Da aber, im Gegensatz zum HGB, der Grundsatz der Vorsicht in einem IFRS-Abschluss nur von nachrangiger Bedeutung ist, besteht ein **ausdrückliches Verbot** für die Bildung stiller Reserven.

Der **Grundsatz der Vollständigkeit** verlangt, dass in den Grenzen der Wesentlichkeit und unter Abwägung von Nutzen und Kosten der Berichterstattung alle aus realen Geschäftsvorfällen resultierenden Vermögenswerte und Schulden sowie Erträge und Aufwendungen unter Beachtung der Ansatz- und Bewertungskriterien in einem IFRS-Abschluss zu erfassen sind (F. 38).

Der **Grundsatz der Vergleichbarkeit** nach F. 39 bis F. 42 verlangt sowohl die **zeitliche Vergleichbarkeit** der IFRS-Abschlüsse eines Unternehmens als auch die **zwischenbetriebliche Vergleichbarkeit** der IFRS-Abschlüsse verschiedener Unternehmen. Zur Erreichung dieser Zwecke sind die Ansatz- und Bewertungsmethoden grundsätzlich beizubehalten und offenzulegen (= **Grundsatz der Stetigkeit**). Wenn allerdings Methoden aufgrund der Relevanz und Verlässlichkeit gemäß F. 41 geändert werden, so ist über diese Änderungen sowie über die Auswirkungen dieser Änderungen zu berichten (F. 40). Um Adressaten einen Zeitvergleich zu ermöglichen, müssen in einem IFRS-Abschluss die Vergleichsdaten der Vorperiode angegeben werden (F. 42, IAS 1.38).

Der Relevanz und der Verlässlichkeit der Informationsvermittlung sind bestimmte **Grenzen** gesetzt. So verlangt die **Beschränkung der Zeitnähe**, dass es bei der Informationsvermittlung nicht zu unangemessenen Verzögerungen kommt (F. 43). Zeitnahe Informationsvermittlung und Verlässlichkeit von Abschlussinformationen sind sehr häufig konkurrierende Anforderungen. Da beide Anforderungen nicht gleichzeitig optimal erfüllt werden können, muss das Management abwägen, wie zeitnah über bestimmte Sachverhalte berichtet werden soll. Eine zweite Beschränkung der Informationsvermittlung ist der **Grundsatz der Wirtschaftlichkeit**. Hiernach sind in einem IFRS-Abschluss nur jene Informationen zu gewähren, bei denen der daraus abzuleitende Nutzen für die Adressaten größer ist als die mit der Informationsgewinnung und -vermittlung verbundenen Kosten (F. 44).

Die im Framework formulierten qualitativen Anforderungen an den IFRS-Abschluss sind **nicht überschneidungsfrei** definiert. So stehen beispielsweise der Grundsatz der Vollständigkeit und der Grundsatz der Relevanz im Zielkonflikt zueinander. Das Management muss folglich bei der Informationsvermittlung im IFRS-Abschluss bemüht sein, einen zielführenden Ausgleich und Kompromiss zwischen den einzelnen qualitativen Informationsanforderungen zu finden (F. 45).

Die Beachtung der grundlegenden qualitativen Anforderungen unter gleichzeitiger Berücksichtigung der Beschränkungen soll gemäß F. 46 zu einem IFRS-Abschluss führen, der ein den **tatsächlichen Verhältnissen entsprechendes Bild der Vermögens-, Finanz- und Ertragslage des Unternehmens sowie der Zahlungsströme vermittelt** *(= True and Fair View).*

Leitsatz 7

!

Qualitative Anforderungen an den IFRS-Abschluss

Die in einem IFRS-Abschluss gewährten Informationen müssen für die Adressaten **verständlich**, **relevant**, **verlässlich** und **vergleichbar** sein.

Das Management muss bei der Informationsvermittlung die einschränkenden Bedingungen der **Zeitnähe**, der **Wirtschaftlichkeit** und des **zielführenden Kompromisses** beachten.

Die Einhaltung der Qualitätsanforderungen soll zu einem IFRS-Abschluss führen, der ein den **tatsächlichen Verhältnissen entsprechendes Bild der Vermögens-, Finanz- und Ertragslage des Unternehmens** sowie der **Zahlungsströme** vermittelt.

3 Abstrakte und konkrete Ansatzfähigkeit von Vermögenswerten und Schulden in der Bilanz

Fall 26

X ist nach dem bisher Gelernten von den IFRS begeistert. Endlich kann er in der Bilanz der X-AG die nach seiner Ansicht wirklich ertragswertsteigernden Erfolgspotenziale, insbesondere das Know-how seiner Mitarbeiter im Back Office, die Sprachgewandtheit seiner Außendienstmitarbeiter und die tolle Geschäftslage als Vermögenswerte aktivieren. Wo liegt wohl das Problem?

Das Problem ist die Objektivierung der Werthaltigkeit dieser Sachverhalte. Auch wenn die IFRS hier großzügiger sind als das HGB, kommen auch sie nicht ohne Einschränkungen aus. Die Erfassung von betrieblichen **Vermögenswerten** und **Schulden** als **Elemente der Bilanz** richtet sich zunächst nach dem Rahmenkonzept (IAS 1.28) und erfolgt in einem **zweistufigen Entscheidungsprozess**.

Auf der ersten Prüfstufe müssen die **Definitionskriterien** für einen Vermögenswert beziehungsweise eine Schuld gemäß F. 49 erfüllt sein (= **abstrakte Ansatzfähigkeit**). Vermögenswerte werden in F. 49 Buchstabe (a) definiert als Ressourcen, über die das Unternehmen als Ergebnis vergangener Ereignisse verfügen kann und von denen der **Zufluss** künftigen wirtschaftlichen Nutzens für das Unternehmen erwartet wird. Unter „künftigem wirtschaftlichen Nutzen" ist dabei gemäß F. 53 die Fähigkeit zu verstehen, direkt oder indirekt den Zufluss von Zahlungsmitteln und Zahlungsmitteläquivalenten zu bewirken. Mit dieser Definition geht der Umfang eines Vermögenswertes **über** die Definition des handelsrechtlichen Vermögensgegenstandes hinaus, da es im Gegensatz zum HGB nicht auf die abstrakte Einzelveräußerbarkeit (so die herrschende Meinung), sondern auf die Möglichkeit der Erzielung künftiger Nutzenzuflüsse (**Ertragswertsteigerung**) ankommt.

Die Definitionskriterien einer Schuld entsprechen spiegelbildlich denen eines Vermögenswertes. Schulden stellen gemäß F. 49 Buchstabe (b) eine gegenwärtige Verpflichtung des Unternehmens als Ergebnis vergangener Ereignisse dar, von deren Erfüllung erwartet wird, dass Ressourcen **abfließen**, die einen wirtschaftlichen Nutzen verkörpern.

> Zu beachten ist, dass Schulden nicht nur Verbindlichkeiten umfassen, sondern auch solche Verpflichtungen, die nach deutschem Handelsrecht als **Rückstellungen** ausgewiesen werden; bitte unbedingt F. 64 lesen!

Wesentliches Merkmal einer Schuld ist die **gegenwärtige Verpflichtung**. Sie besteht gemäß F. 60 immer dann, wenn sie rechtlich begründet ist oder ein faktischer Leistungszwang existiert. Damit umfasst der Schuldbegriff nur **Außenverpflichtungen**. **Aufwandsrückstellungen** (= Innenverpflichtungen), für die nach § 249 Abs. 1 Satz 2 HGB eine Ansatzpflicht besteht, wären nach IFRS **nicht** ansatzfähig.

Gelingt eine Identifikation als Vermögenswert oder Schuld, so ist die **abstrakte Ansatzfähigkeit** als Bilanzposten gegeben. Anschließend müssen auf der zweiten Prüfstufe die **Ansatzkriterien** gemäß F. 83 erfüllt sein (= **konkrete Ansatzfähigkeit**). Danach dürfen sowohl Vermögenswerte als auch Schulden gemäß F. 83 Buchstabe (a) **nur** angesetzt werden, wenn der Zufluss / Abfluss des wirtschaftlichen Nutzens hinreichend sicher ist, d.h. gemäß F. 85 eine bestimmte **Eintrittswahrscheinlichkeit (> 50 %)** vorliegt. Weiterhin müssen nach F. 83 Buchstabe (b) und F. 6 die Anschaffungs- oder Herstellungskosten beziehungsweise der Wert des Sachverhalts **verlässlich ermittelt** werden können. Hieran scheitert die Aktivierung der Erfolgspotenziale in **Fall 26**.

Fall 27

Zur Markteinführung der neuen Kleiderkollektion wendet die X-AG im Frühjahr 01 für Kino- und Fernsehwerbung insgesamt 850.000 € auf. Die Abteilung Marketing erwartet erhebliche wirtschaftliche Nutzenzuflüsse (= Umsatzsteigerungen). Die X-AG möchte die Schaffung und Vertiefung von Kundenbeziehungen durch Werbung als Vermögenswert aktivieren. Zu Recht?

Nein! Da auch hier weder der Zufluss des wirtschaftlichen Nutzens hinreichend sicher, noch eine verlässliche Bewertung möglich ist, scheidet eine Bilanzierung als Vermögenswert aus.

Liegen die abstrakte und konkrete Ansatzfähigkeit vor, muss als nächstes geprüft werden, ob ein Sachverhalt weitere, **spezifische Ansatzvorschriften** eines Einzelstandards erfüllen muss. Die Bilanzierung einiger Posten, beispielsweise die der immateriellen Vermögenswerte, knüpft an **spezielle postenspezifische Ansatzvoraussetzungen** an, die den jeweiligen Einzelstandards zu entnehmen sind. Dazu mehr in Lektion 7.

Die IFRS enthalten eine Anzahl expliziter **Bilanzierungsverbote**, die ebenfalls den jeweiligen Einzelstandards zu entnehmen sind. So besteht beispielsweise – wie auch im HGB – ein **Aktivierungsverbot** für den originären Firmenwert (IAS 38.48) und für Ausgaben für die Forschung (IAS 38.54) sowie ein grundsätzliches **Passivierungsverbot** für Eventualschulden (IAS 37.27). Eigene Aktien werden nach IFRS nicht aktiviert (IAS 32.33 i.V.m. IAS 32.AG 36) und Aufwandsrückstellungen gemäß IAS 37.20 grundsätzlich nicht passiviert werden.

Nach IFRS bestehen de jure keine Ansatzwahlrechte. Aufgrund der teilweise recht vage formulierten Ansatzkriterien und der geringen objektiven Nachprüfbarkeit ihrer Auslegung, stellt sich jedoch die Frage, ob nicht eventuell de facto Ansatzwahlrechte bestehen. Lesen Sie z.B. IAS 38.57 durch und denken Sie einmal darüber nach!

Übersicht 5 verdeutlicht noch einmal, dass die Prüfung der Ansatzkriterien nach IFRS stets vom Allgemeinen zum Speziellen erfolgt.

Übrigens existiert nach IFRS der Begriff der transitorischen Rechnungsabgrenzungsposten nicht. Der Bilanzansatz zeitraumbezogener Leistungen erfolgt mit wenigen Ausnahmen (Zuschüsse, Leasing) unter den Bilanzposten Vermögenswerte und Schulden, sofern die definitorischen Kriterien gemäß F. 49 erfüllt sind. Das Eigenkapital ist gemäß F. 49 Buchstabe (c) eine Residualgröße, die sich als Saldo der Vermögenswerte und Schulden eines Unternehmens ergibt.

Leitsatz 8

!

Ansatz von Vermögenswerten und Schulden

Vermögenswerte und Schulden sind Elemente der Bilanz. Ihr Ansatz erfolgt nach einem zweistufigen Prüfverfahren, nach dem sowohl die **allgemeinen Definitionskriterien** gemäß F. 49 als auch die **konkreten Ansatzkriterien** gemäß F. 83 **kumulativ erfüllt** sein müssen. Darüber hinaus sind **postenspezifische Ansatzvorschriften** und konkrete **Bilanzierungsverbote** zu beachten. Das Eigenkapital stellt die Residualgröße dar.

Rückstellungen werden unter den Schulden ausgewiesen. Transitorische Rechnungsabgrenzungsposten werden als Vermögenswerte bzw. Schulden interpretiert. Bilanzierungshilfen gibt es in einer IFRS-Bilanz nicht.

Übersicht 5: Prüfung der Ansatzkriterien im IFRS-Abschluss

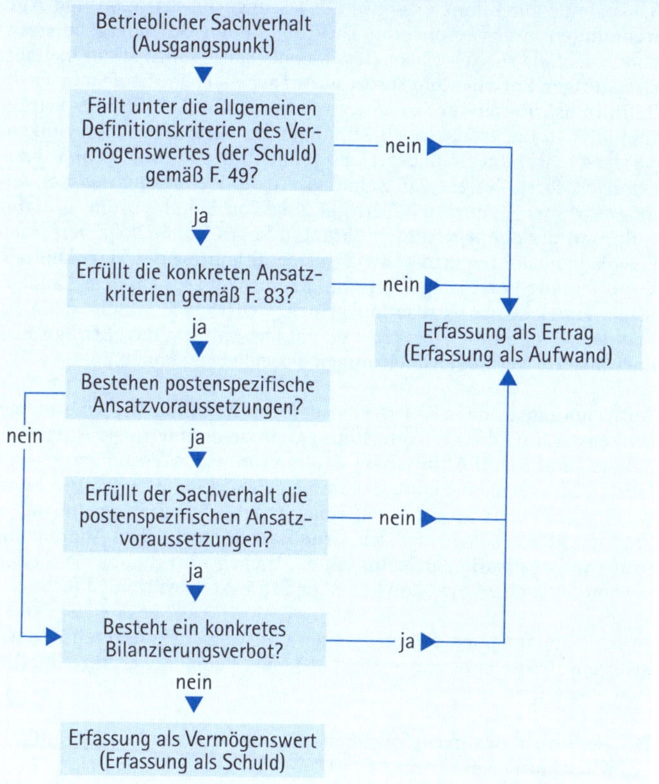

4 Erfassung von Erträgen und Aufwendungen in der Gesamtergebnisrechnung

In Analogie zur Bilanz erfolgt die Erfassung von **Erträgen** und **Aufwendungen** in der gesonderten **GuV** bzw. in der Gesamtergebnisrechnung ebenfalls zunächst nach dem Rahmenkonzept (IAS 1.28) in einem **zweistufigen Entscheidungsprozess**. Auf der ersten Prüfstufe müssen die **Definitionskriterien** für Erträge und Aufwendungen erfüllt sein. **Erträge** sind in F. 70 Buchstabe (a) als **Zunahme des wirtschaftlichen Nutzens** während einer Abrechnungsperiode definiert. Die Nutzenzunahme kann demnach durch Zufluss von Zahlungsmitteln, Wertsteigerung von Vermögenswerten oder durch Verringerung von Schuldposten erfolgen. Aufgrund der doppelten Buchführung und des Residualcharakters des Eigenkapitals führen Erträge stets zu einer **Erhöhung des Eigenkapitals**. Zur Erfassung von Erträgen wird im Rahmenkonzept ein dem Handelsrecht vergleichbares **Realisationsprinzip** weder erwähnt noch definiert. Stattdessen wird in F. 76 explizit darauf hingewiesen, dass **Erträge** auch **unrealisierte Vermögensmehrungen** einschließen können.

Aufwendungen sind in F. 70 Buchstabe (b) als **Abnahme wirtschaftlichen Nutzens** während einer Abrechnungsperiode definiert. Die Nutzenabnahme kann durch Abfluss von Zahlungsmitteln, Wertminderung von Vermögenswerten oder durch Erhöhung von Schuldposten erfolgen. Aufwendungen, die in einem unmittelbaren sachlichen Zusammenhang zu Erträgen stehen, sind gemäß dem **Grundsatz der sachlichen Abgrenzung** (**Aufwandsrealisationsprinzip**) in der gleichen Abrechnungsperiode zu buchen, in der die korrespondierenden Erträge erfasst werden (F. 95).

Anschließend müssen auf der zweiten Prüfstufe die **konkreten Ansatzkriterien** für die Erfassung eines Aufwandes kumulativ erfüllt sein. Dies sind wiederum:

- die **Eintrittswahrscheinlichkeit**, dass die Ausgabe keinen künftigen wirtschaftlichen Nutzen bewirkt, beträgt über 50 % (F. 97),
- der Aufwand muss sich **verlässlich bewerten** lassen.

Leitsatz 9

Elemente der GuV

Erträge und Aufwendungen sind Elemente der GuV bzw. der Gesamtergebnisrechnung. Ihre Erfassung erfolgt in einem **zweistufigen Entscheidungsprozess**, der analog zu dem der Bilanz erfolgt.

Erträge werden in einem IFRS-Abschluss **tendenziell früher abgebildet** als nach deutschem Handelsrecht, da gemäß F. 76 (zum Teil) auch **noch nicht realisierte, aber voraussichtlich realisierbare Erträge** erfasst werden. Allerdings werden diese unrealisierten Erträge teilweise im sonstigen Ergebnis, d.h. nicht erfolgswirksam im Periodenergebnis erfasst.

Lektion 5: Bewertungsmaßstäbe bei der Erstbewertung

1 Anschaffungskosten

Die Anschaffungskosten, besser Anschaffungsausgaben, sind gemäß F 100 Buchstabe (a), IAS 2.9, IAS 16.15 und IAS 38.24 der zentrale Wertmaßstab für alle vom Unternehmen fremdbezogenen Vermögenswerte. Das Schema zur Ermittlung der Anschaffungskosten sieht wie folgt aus:

	Anschaffungspreis (i.d.R. ohne Umsatzsteuer)
+	Anschaffungsnebenkosten
+	nachträgliche Anschaffungskosten
./.	Anschaffungspreisminderungen
=	Anschaffungskosten nach IFRS

Der Anschaffungspreis ist der Nettokaufpreis für einen Vermögenswert. Die zu zahlende Umsatzsteuer ist wegen ihres durchlaufenden Charakters beim Unternehmer nicht zu berücksichtigen, sofern dieser zum Vorsteuerabzug berechtigt ist. Unter dem Bruttokaufpreis ist folglich der Anschaffungspreis einschließlich der Umsatzsteuer zu verstehen. Einfuhrzölle und andere nicht rückforderbare Erwerbsteuern sind gemäß IAS 2.11, IAS 16.16 Buchstabe (a) und IAS 38.27 Buchstabe (a) in den zu aktivierenden Anschaffungspreis mit einzubeziehen. Bei einem in fremder Währung valutierten Anschaffungspreis ist der Wechselkurs zum Zeitpunkt der Anschaffung für die Ermittlung des Anschaffungspreises des Vermögenswertes maßgebend (IAS 21.21).

Zu den Anschaffungskosten gehören auch die Anschaffungsnebenkosten, sofern sie sich dem Anschaffungsvorgang direkt zurechnen lassen und dazu dienen, den Vermögenswert in den Verfügungsbereich zu bekommen (z.B. Transportausgaben) und ihn in einen betriebsbereiten Zustand zu versetzen (z.B. Installationsausgaben) (IAS 2.10 f., IAS 16.16 Buchstabe (b), IAS 38.27 Buchstabe (b)). In die Anschaffungskosten werden aber z.B. auch Ausgaben der Standortvorbereitung, Berater- und Gutachterhonorare für Architekten und Ingenieure sowie geschätzte Kosten für den Abbruch und das Abräumen des Vermögenswertes und die Wiederherstellung des Standortes in dem Maße, wie sie gemäß IAS 37 als Rückstellung erfasst werden, einbezogen (IAS 16.16 Buchstabe (c).

Da das Kriterium der direkten Zurechenbarkeit auf eine sachliche Zuordnung abstellt, sind auch **Gemeinkosten** in die Anschaffungskosten einzubeziehen, wenn sie durch den Anschaffungsvorgang veranlasst und damit diesem über zweckadäquate Schlüsselgrößen **direkt** (gemeint ist plausibel) zurechenbar sind (**anders im HGB!**). Nicht direkt zurechenbar sind gemäß IAS 2.15 f., IAS 16.19 Buchstabe (d), IAS 38.29 Buchstabe (c) Verwaltungskosten und andere allgemeine - nicht produktionsbezogene- Gemeinkosten.

Ein großer Unterschied zum HGB besteht hinsichtlich der anschaffungsbezogenen **Fremdkapitalkosten** (IAS 23.5). Diese müssen gemäß IAS 2.17, IAS 16.23, IAS 38.32 i.V.m. IAS 23.8 als Anschaffungsnebenkosten aktiviert werden, sofern sie direkt einem so genannten **qualifizierten Vermögenswert** zugerechnet werden können. Andere Fremdkapitalkosten sind in der Periode ihres Anfalls als Aufwand zu erfassen

> Ein qualifizierter Vermögenswert wird in IAS 23.5 definiert als ein Vermögenswert, für den ein **beträchtlicher Zeitraum** erforderlich ist, um ihn in seinen beabsichtigten gebrauchs- oder verkaufsfähigen Zustand zu versetzen.

Beispiele für qualifizierte Vermögenswerte sind Pipelines- oder fremdbezogene Fabrikationsanlagen, die erst im Unternehmen zusammengebaut werden müssen, Ausnahmen von der Aktivierungspflicht definiert IAS 23.4 (z.B. für Vorräte, die in großen Mengen wiederholt hergestellt werden, z. B. Whiskey). Die Aktivierung der Fremdkapitalkosten als Teil der Anschaffungskosten beginnt, wenn Ausgaben und Fremdkapitalkosten für den Vermögenswert anfallen und die erforderlichen Arbeiten, um den Vermögenswert für seinen beabsichtigten Gebrauch oder Verkauf herzurichten (IAS 23.17 Buchstaben (a) bis (c)), begonnen haben. Die Aktivierung endet, wenn die Gebrauchs- oder Verkaufsfähigkeit im Wesentlichen hergestellt ist (IAS 23.22).

Fall 28

Die X-AG erwirbt eine Textilfabrikationsanlage in Einzelteilen für 1.000.000 € (netto). Die Lieferung erfolgt am 01.04.01; die endgültige

Gebrauchsfähigkeit wird erst nach dem langwierigen Zusammenbau der Einzelteile und ihrer computergestützten Einstellung zum 30.09.01 erreicht. Zur Finanzierung dieses Erwerbsvorganges nimmt die X-AG am 01.04.01 einen Kredit i.H.v. 1.000.000 € auf (Zinssatz 7 % pro Jahr). Wie hoch sind die Anschaffungskosten der Textilfabrikationsanlage?

	Anschaffungspreis	1.000.000 €
+	Fremdkapitalkosten	35.000 €
=	Anschaffungskosten	1.035.000 €

Zu den Anschaffungskosten von Sachanlagen gehören weiterhin die **nachträglichen Anschaffungskosten** gemäß IAS 16.12 ff. Diese sind entsprechend IAS 16.13 dem Buchwert des Vermögenswertes hinzuzurechnen und damit zu aktivieren, wenn die **postenspezifischen Ansatzkriterien** in IAS 16.7 erfüllt sind. Ist es also wahrscheinlich, dass dem Unternehmen durch die nachträglichen Ausgaben in Zukunft ein wirtschaftlicher Nutzen zufließt und die damit verbundenen Kosten verlässlich ermittelt werden können, so ist das oben genannte Aktivierungskriterium erfüllt (IAS 16.7). Handelt es sich dagegen um Reparatur- oder Instandhaltungsausgaben, so sind diese gemäß IAS 16.12 als Aufwand der Periode zu verrechnen. Nachträgliche Anschaffungskosten bei Vorräten (IAS 2) können sich aus Erhöhungen des Anschaffungspreises oder der Anschaffungsnebenkosten infolge eines Prozesses oder Vergleiches ergeben. Bei Grundstücken kommen als nachträgliche Anschaffungskosten erst später zu zahlende Straßenanliegerbeiträge, Erschließungsbeiträge oder Kanalanschlussgebühren in Betracht.

IAS 2.11 und IAS 16.16 Buchstabe (a) bestimmen, dass bei der Ermittlung der Anschaffungskosten erhaltene **Skonti**, **Rabatte** und **Boni** als **Anschaffungspreisminderungen** abzuziehen sind. Skonti sind erst im Zeitpunkt der Zahlung zu berücksichtigen. Boni sind nur dann von den Anschaffungskosten abzusetzen, soweit der erworbene Vermögenswert im Zeitpunkt der Entstehung des Anspruchs noch vorhanden ist. Dies ist bei Vorräten oft problematisch. In diesem Fall wären erhaltene Boni ergebniswirksam zu vereinnahmen. **Zuwendungen der öffentlichen Hand** in monetärer Form für langfristige Vermögenswerte können gemäß IAS 16.28 i.V.m. IAS 20.24 als **Anschaffungskostenminderung** (Nettoausweis) oder indirekt als passivischer Abgrenzungsposten (Bruttoausweis) erfasst werden. Beide Alternativen sind gleichwertig. Eine sofortige erfolgswirksame Vereinnahmung des Zuschusses, wie es nach HGB möglich ist, ist nach den IFRS **unzulässig**.

Fall 29

Die X-AG erwirbt (= Kauf und Lieferung) am 03.01.01 eine Maschine zur Fertigung von Hochtechnologieprodukten. Der Nettokaufpreis beträgt 5.000.000 €. Die Maschine soll linear abgeschrieben werden; die Nutzungsdauer wird auf fünf Jahre geschätzt. Aus einem regionalen Förderprogramm erhält die X-AG einen öffentlichen Zuschuss i.H.v. 500.000 €. Alle mit dem Zuschuss verbundenen Auflagen werden von der X-AG erfüllt. Wie lauten die jeweiligen Buchungen und Bilanzansätze der Maschine bei einem Brutto- bzw. Nettoausweis im Jahr der Anschaffung?

Bruttomethode:

Maschine	5.000.000	an	Finanzkonto	5.000.000
Abschreibungen	1.000.000	an	Maschine	1.000.000
Finanzkonto	500.000	an	passiver Abgrenzungsposten	500.000
passiver Abgrenzungsposten	100.000	an	andere Erträge	100.000

Bilanzansatz der Maschine zum 31.12.01: 4.000.000

Nettomethode:

Maschine	5.000.000	an	Finanzkonto	5.000.000
Finanzkonto	500.000	an	Maschine	500.000
Abschreibungen	900.000	an	Maschine	900.000

Bilanzansatz der Maschine zum 31.12.01: 3.600.000

Fall 30

Die vorsteuerabzugsberechtigte X-AG kauft am 01.02.01 eine Produktionsanlage zum Listenpreis von 200.000 € zuzüglich 19 % Umsatzsteuer. Die Lieferung erfolgt am 01.03.01. Der Lieferant der Produktionsanlage gewährt der X-AG einen Rabatt i.H.v. 5 % auf den Listenpreis. Die X-AG bezahlt die Rechnung innerhalb von einer Woche mit 3 % Skontoabzug auf den Nettopreis. Für den Transport der Produktionsanlage muss die X-AG 2.700 € zuzüglich Umsatzsteuer an den Spediteur Gierig GmbH bezahlen. Weiterhin hält es die X-AG für erforderlich, eine Transportversicherung abzuschließen. Die entsprechende Versicherungsprämie beläuft sich auf 250 € und wird sofort von der X-AG bezahlt. Die Produktionsanlage wird in der Fabrikhalle der X-AG auf einem eigens dafür gegossenen, massiven Betonsockel von der Firma Montax montiert. Zum 31.08.01 sind diese komplizierten Arbeiten abgeschlossen. Montax stellt der X-AG für diese langwierigen Arbeiten 12.750 € zuzüglich Umsatzsteuer in Rechnung. Zur Finanzierung dieses Erwerbsvorganges nimmt die X-AG am 01.03.01 einen Kredit bei ihrer Hausbank i.H.v. 100.000 € auf (Zinssatz 8 % pro Jahr). Wie hoch sind die Anschaffungskosten der Produktionsanlage nach IFRS?

	Listenpreis	200.000 €
./.	5 % Rabatt	10.000 €
		190.000 €
./.	3 % Skonto	5.700 €
		184.300 €
+	Transport	2.700 €
+	Transportversicherung	250 €
+	Montage	12.750 €
+	Fremdkapitalkosten	4.000 €
=	Anschaffungskosten	204.000 €

Fall 31

Würden sich Änderungen ergeben, wenn die X-AG am 01.12.01 noch ein zusätzliches Steuerungsgerät für diese Produktionsanlage geliefert bekäme, durch das deutliche Verbesserungen an der Produktqualität zu erzielen wären?

Ja! In diesem Fall lägen aktivierungspflichtige nachträgliche Anschaffungskosten vor.

Leitsatz 10

Anschaffungskosten

Bei der Erst- beziehungsweise **Zugangsbewertung** sind die Anschaffungskosten der originäre Wertmaßstab für alle vom Unternehmen **fremdbezogenen Vermögenswerte** des Anlage- und Umlaufvermögens. Zu den Anschaffungskosten gehören der **Anschaffungspreis**, die **nachträglichen Anschaffungskosten** sowie die **Anschaffungsnebenkosten**, sofern sie sich dem Anschaffungsvorgang direkt (aber auch durch plausible Schlüsselungen) zurechnen lassen. **Fremdkapitalkosten** müssen aktiviert werden, soweit sie direkt einem qualifizierten Vermögenswert zugerechnet werden können. Anschaffungspreisminderungen reduzieren die Anschaffungskosten.

2 Herstellungskosten

Die Herstellungskosten sind gemäß IAS 2.9, IAS 16.15 und IAS 38.24 der zentrale Wertmaßstab für alle vom Unternehmen ganz oder teilweise selbst hergestellten Vermögenswerte. Hierzu gehören insbesondere die eigenbetrieblich genutzten selbst erstellten Sachanlagen (= Gebäude, Maschinen, Fahrzeuge etc.), die immateriellen Vermögenswerte und die unfertigen und fertigen Erzeugnisse. Eine allgemein gültige Definition der Herstellungskosten findet man in den IFRS nicht. Nach IAS 2.12 ff., IAS 16.16 ff. und IAS 38.65 ff. umfassen die Herstellungskosten die produktionsbezogenen Vollkosten. Im Gegensatz zu § 255 Abs. 3 Satz 2 HGB besteht, bei so genannten qualifizierten Vermögenswerten in den IFRS kein Aktivierungswahlrecht für die Fremdkapitalkosten, sondern eine Pflicht. Sowohl die produktionsbezogenen Einzelkosten als auch die produktionsbezogenen variablen und fixen Gemeinkosten sind in die Herstellungskosten einzubeziehen. Die Zurechnung fixer Produktionsgemeinkosten erfolgt gemäß IAS 2.13 grundsätzlich auf der Basis der Normalauslastung, da bei Unterbeschäftigung die Gefahr einer Überbewertung besteht. Die nicht zurechenbaren fixen Gemeinkosten (= Leerkosten) sind als Aufwand der Periode zu erfassen. Kommt die Istbeschäftigung der normalerweise erreichbaren Kapazität nahe, kann die Zurechnung der fixen Produktionsgemeinkosten auf der Grundlage der tatsächlichen Auslastung erfolgen. Wird die Normalbeschäftigung erheblich überschritten, stellt die Istbeschäftigung die Basis des zurechenbaren Anteils fixer Gemeinkosten dar.

Fall 32

Die X-AG produziert mit einer Spezialmaschine grüne Filzhüte. In den letzten Jahren lag die Kapazitätsauslastung bei 80 %. Dies entsprach 10.000 Hüten. In 01 sank die Nachfrage nach Filzhüten erheblich. Daher stand die Maschine still, denn die wenigen verkauften Exemplare befanden sich noch im Fertigfabrikatelager. Da sich die Gemeinkosten der Maschine (Abschreibungen und Wartungsvertrag) in 01 auf 50.000 € belaufen und die X-AG diese nicht als Aufwand ausweisen will, kommt ihr die Idee: Wenn man genau einen Filzhut produzieren würde, lägen keine Gemeinkosten, sondern Einzelkosten für den Hut vor und man dürfte ihn mit den (dann exorbitant hohen) Herstellungskosten aktivieren. Welche Haken sehen Sie dabei?

Zum einen hat die Zurechnung der Gemeinkosten auf Basis einer Normalauslastung zu erfolgen. Dies wären in unserem Fall 5 € je Hut. Zum anderen wäre, selbst wenn die Aktivierung (fälschlich) nach Vorstellung der X-AG erfolgen würde, eine außerplanmäßige Abschreibung die Folge. Ergebnis: Keine gute Idee.

Vertriebskosten dürfen gemäß IAS 2.16(d) nicht in die Herstellungskosten einbezogen werden. Gleiches gilt für die **nicht produktionsbezogenen Verwaltungs- und Sozialkosten**.

Übersicht 6 fasst die Bestandteile der Herstellungskosten nach IFRS noch einmal zusammen.

Übersicht 6: Herstellungskosten nach IFRS

Bestandteile der Herstellungskosten gemäß IAS 2.12 ff., IAS 16.16 ff. und IAS 38.65 ff.	Herstellungs-einzelkosten	Herstellungs-gemeinkosten	Keine Herstellungskosten
Materialeinzelkosten	Pflicht		
Fertigungseinzelkosten	Pflicht		
Sondereinzelkosten der Fertigung	Pflicht		
Nicht rückforderbare Steuern	Pflicht		
Variable und fixe Materialgemeinkosten		Pflicht	
Variable und fixe Fertigungsgemeinkosten		Pflicht	
Sondergemeinkosten der Fertigung		Pflicht	

Bestandteile der Herstellungskosten gemäß IAS 2.12 ff., IAS 16.16 ff. und IAS 38.65 ff.	Herstellungs-einzelkosten	Herstellungs-gemeinkosten	Keine Herstellungskosten
Planmäßiger Werteverzehr des Anlagevermögens (Abschreibungen)		Pflicht	
Produktionsbezogene Verwaltungskosten		Pflicht	
Produktionsbezogene Sozialkosten		Pflicht	
Herstellungsbezogene Fremdkapitalkosten bei so genannten qualifizierten Vermögenswerten gemäß IAS 23.8	Pflicht		
Grundlagenforschung			Verbot
Fremdwährungsverluste			Verbot
Überhöhte Kosten für Materialabfälle, Fehlarbeiten oder außerplanmäßige Abschreibungen			Verbot
Steuerliche Abschreibungen			Verbot
Allgemeine Verwaltungskosten			Verbot
Allgemeine Sozialkosten			Verbot
Vertriebseinzel- und -gemeinkosten			Verbot
Sondereinzelkosten des Vertriebs			Verbot
Leerkosten			Verbot
Kalkulatorische Kosten			Verbot
Ertragsteuern			Verbot

Fall 33

Die X-AG erstellt vom 02.01.01 bis 30.09.01 mit eigenem Personal auf ihrem Betriebsgrundstück eine große Halle für die betrieblich genutzten Kraftfahrzeuge. Laut Materialentnahmescheinen und Lohnzetteln sind 200.000 € Materialeinzelkosten, 100.000 € Fertigungseinzelkosten und 10.000 € Sondereinzelkosten der Fertigung angefallen. Die Fremdkapitalkosten für den Zeitraum der Herstellung betragen 25.000 €. Weiterhin sind angefallen:

Materialgemeinkosten:	10 % der Materialeinzelkosten
Fertigungsgemeinkosten:	100 % der Fertigungseinzelkosten
Werteverzehr der Produktionsanlagen:	40.000 €
Produktionsbezogene Verwaltungskosten:	10.000 €

Wie hoch sind die Herstellungskosten der Halle nach IFRS? Legen Sie Ihren Berechnungen auch IAS 23.8 zugrunde!

Für die Ermittlung der Herstellungskosten sind grundsätzlich die tatsächlich angefallenen Kosten (Istkosten) maßgeblich. Diese sind gemäß IAS 2.23 im Wege der Einzelzuordnung der Halle zuzurechnen. Aus Vereinfachungsgründen wäre es auch zulässig, die Standardkostenmethode gemäß IAS 2.21 anzuwenden. Die Gemeinkosten werden nach Maßgabe der zugehörigen Einzelkosten verrechnet (= differenzierende Zuschlagskalkulation).

	Materialeinzelkosten	200.000 €
+	Materialgemeinkosten (10 % von 200.000)	20.000 €
+	Fertigungseinzelkosten	100.000 €
+	Fertigungsgemeinkosten (100 % von 100.000)	100.000 €
+	Werteverzehr der Produktionsanlagen	40.000 €
+	Sondereinzelkosten der Fertigung	10.000 €
+	Produktionsbezogene Verwaltungskosten	10.000 €
+	Fremdkapitalkosten	25.000 €
=	Herstellungskosten	505.000 €

Leitsatz 11

Herstellungskosten

Bei der Erst- beziehungsweise Zugangsbewertung sind die Herstellungskosten der originäre Wertmaßstab für alle vom Unternehmen **selbst hergestellten Vermögenswerte**, die am Bilanzstichtag noch vorhanden sind. Im Gegensatz zum HGB besteht in den IFRS **kein Ansatzwahlrecht**. Sowohl die produktionsbezogenen Einzelkosten als auch die produktionsbezogenen Gemeinkosten sind in die Herstellungskosten einzubeziehen. Die Zurechnung fixer Produktionsgemeinkosten erfolgt grundsätzlich auf Basis der Normalauslastung. Vertriebskosten dürfen nicht in die Herstellungskosten einbezogen werden.

Lektion 6: Bewertungsmaßstäbe bei der Folgebewertung

Obwohl in der Praxis die Meinung vorherrscht, dass die IFRS im Vergleich zu den HGB-Normen wenige Wahlrechte zulassen, sind dennoch unterschiedliche Folgebewertungsverfahren möglich. Immerhin unterscheiden die IFRS zwischen dem Anschaffungskostenmodell und dem Neubewertungsmodell.

> Nach der Erst- beziehungsweise Zugangsbewertung eines Vermögenswertes stellt das **Anschaffungskostenmodell** eine der möglichen Folgebewertungen dar. Es handelt sich dabei um eine Folgebewertung zu fortgeführten Anschaffungs- oder Herstellungskosten, die Ihnen bereits aus dem HGB bekannt ist. Die abnutzbaren Vermögenswerte sind dabei planmäßig und unter Umständen auch außerplanmäßig, die nicht abnutzbaren nur außerplanmäßig abzuschreiben.

> Das **Neubewertungsmodell** sieht eine **Neubewertung** zum beizulegenden Zeitwert vor. Im Gegensatz zum Anschaffungskosten-modell lässt das Neubewertungsmodell auch eine **erfolgsneutrale** Bewertung **über** die (fortgeführten) Anschaffungs- oder Herstellungskosten hinaus zu.

Beide Modelle sind sowohl für das Sachanlagevermögen als auch für die immateriellen Vermögenswerte von Bedeutung.

Für bestimmte Vermögenswerte wie beispielsweise als Finanzinvestition gehaltene Immobilien (siehe Lektion 7) sehen die IFRS entweder eine erfolgswirksame Folgebewertung zum beizulegendem Zeitwert (Modell des beizulegenden Zeitwertes) oder nach dem Anschaffungskostenmodell eine Bewertung zu den fortgeführten Anschaffungs- oder Herstellungskosten vor.

Übersicht 7: Folgebewertung

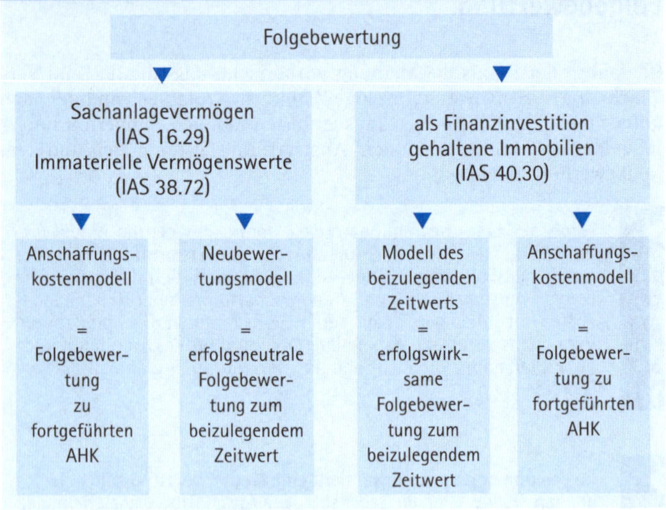

1 Anschaffungskostenmodell

1.1 Planmäßige Abschreibungen

Unter einer planmäßigen Abschreibung versteht man die systematische Verteilung des **Abschreibungsvolumens** eines abnutzbaren Vermögenswertes des Anlagevermögens auf die **voraussichtliche Nutzungsdauer** mit Hilfe eines zweckadäquaten **Abschreibungsverfahrens**.

Nach IFRS sind planmäßige Abschreibungen insbesondere bei Sachanlagen gemäß IAS 16.30 sowie bei immateriellen Vermögenswerten gemäß IAS 38.74 vorzunehmen. Allerdings dürfen gemäß IAS 38.107 immaterielle Vermögenswerte mit einer unbegrenzten Nutzungsdauer nicht planmäßig abgeschrieben werden. Dazu zählt auch auch der derivative Geschäfts- oder Firmenwert.

Terminologisch differenzieren die IFRS zwischen Depreciation und Amortisation: Planmäßige Abschreibungen auf **materielle** Vermögenswerte des Sachanlagevermögens werden mit Depreciation, planmäßige Abschreibungen auf **immaterielle** Vermögenswerte dagegen mit *Amortisation* bezeichnet.

Konzeptionell basiert die Berechnung von planmäßigen Abschreibungen auf dem **Aufwandsrealisationsprinzip**. Ausgaben für Vermögenswerte, die über mehrere Jahre im Unternehmen genutzt werden, müssen entsprechend ihrem periodischen Beitrag zur Erfolgsentstehung (= Nutzenzufluss) den entsprechenden Rechnungsperioden als Aufwand zugerechnet werden.

Zur Ermittlung des konkreten Abschreibungsbetrages bedarf es der Festlegung folgender Berechnungsparameter:

- Abschreibungsvolumen,
- Nutzungsdauer,
- Abschreibungsverfahren.

Das Abschreibungsvolumen eines abnutzbaren Vermögenswertes bemisst sich im Zugangszeitpunkt aus den **Anschaffungs- oder Herstellungskosten abzüglich eines erwarteten Restwertes** am Ende der Nutzungsdauer (IAS 16.53 und IAS 38.101). Der Restwert ist allerdings nur dann zu berücksichtigen, wenn er als **wesentlich** anzusehen ist. Dies kann beispielsweise bei Seeschiffen (= Schrottwert) der Fall sein. Nach IAS 38.100 ist bei immateriellen Vermögenswerten in der Regel von einem Restwert von Null auszugehen.

Die Festlegung der voraussichtlichen Nutzungsdauer eines abnutzbaren Vermögenswertes gemäß IAS 16.50, IAS 38.88 f. ist das Ergebnis eines unternehmensindividuellen **Schätzungsprozesses**. Maßgebliche **Schätzkriterien** sind gemäß IAS 16.6 die **voraussichtliche Nutzungszeit** des Vermögenswertes (**Zeitaspekt**) oder die voraussichtlich durch den Vermögenswert zu erzielenden **Produktionseinheiten** (**Mengenaspekt**). Als weitere Schätzkriterien kommen beispielsweise der erwartete physische Verschleiß, rechtliche Nutzungsbeschränkungen, die betriebliche Investitionspolitik, typische Produktlebenszyklen, die Stabilität der Branche, die Höhe der zukünftigen Erhaltungsausgaben oder die voraussichtlichen Reaktionen seitens der Konkurrenten in Betracht (IAS 16.56 f. und IAS 38.90 bis 96). Steuerrechtliche Überlegungen spielen bei der Festlegung der voraussichtlichen Nutzungsdauer in den IFRS keine Rolle.

Wie das HGB legen sich die IFRS nicht auf die Anwendung eines bestimmten Abschreibungsverfahrens fest. IAS 16.60 und IAS 38.97 verlangen lediglich die Anwendung eines Abschreibungsverfahrens, das den Werteverzehr des Vermögenswertes durch Nutzung im Unternehmen systematisch widerspiegelt.

Nach IAS 16.62 kann zur Erfassung des Werteverzehrs beim Sachanlagevermögen explizit die **lineare Abschreibungsmethode**, die **degressive Abschreibungsmethode** oder die **leistungsabhängige Abschreibungsmethode** herangezogen werden.

Eine Bevorzugung bei der Auswahl einer der drei Abschreibungsmethoden ist aus IAS 16.60 bis 16.62 nicht ersichtlich. Auch ist die explizite Erwähnung dieser drei Abschreibungsverfahren in IAS 16.62 nicht als abschließende Aufzählung zu werten. Vielmehr ist nach den IFRS auch jedes andere betriebswirtschaftlich sinnvolle Abschreibungsverfahren zulässig. Beispielsweise sei an dieser Stelle noch das progressive Abschreibungsverfahren erwähnt.

Ganz anders ist die Regel für die immateriellen Vermögenswerte. Hier unterscheidet man gemäß IAS 38.88 immaterielle Vermögenswerte mit einer begrenzten und einer unbegrenzten Nutzungsdauer. Bei immateriellen Vermögenswerten mit einer begrenzten Nutzungsdauer soll das Abschreibungsverfahren den Verbrauch des wirtschaftlichen Nutzenpotenzials über die Nutzungsdauer widerspiegeln (IAS 38.97). Da dieser Verlauf in aller Regel nicht zuverlässig bestimmt werden kann, wird für die immateriellen Vermögenswerte gemäß IAS 38.97 die lineare Abschreibungsmethode präferiert.

Fall 34

Die vorsteuerabzugsberechtigte X-AG erwirbt am 02.01.01 eine Maschine und nimmt diese noch am selben Tag sofort in Gebrauch. Die Anschaffungskosten der Maschine betragen 400.000 € (netto). Die Nutzungsdauer wird mit fünf Jahren geschätzt. Das Gesamtleistungspotenzial der Maschine beträgt 30.000 Betriebsstunden, wovon in 01 5000, in 02 7000, in 03 8000, in 04 6000 und in 05 4000 Betriebsstunden anfallen. Am Ende der Nutzungsdauer erwartet die X-AG einen beträchtlichen Restwert i.H.v. 40.000 €. Buchhalter Saldo wird vom Vorstandsvorsitzenden Dr. Dr. Ganzgenau beauftragt, eine Tabelle über die in IAS 16.62 explizit erwähnten Abschreibungsverfahren für die angeschaffte und in Gebrauch genommene Maschine zu erstellen. Da auf den erwarteten Restwert abgeschrieben werden soll, gibt Dr. Dr. Ganzgenau Buchhalter Saldo noch die entsprechende Formel für die **geometrisch-degressive Abschreibungsmethode** mit auf den Weg:

$$p = 100 \times \left(1 - \sqrt[n]{\frac{RW}{AK}}\right)$$

Hierbei bedeuten:

p = Abschreibungsprozentsatz
n = Nutzungsdauer
RW = Restwert am Ende der Nutzungsdauer
AK = Anschaffungskosten (netto)

Wie sieht die Tabelle mit den drei Abschreibungsverfahren aus?

Die einmal gewählte Abschreibungsmethode ist gemäß IAS 16.62 und IAS 38.98 grundsätzlich beizubehalten. Ein Wechsel kann aber dann notwendig werden, wenn erhebliche Änderungen im erwarteten Nutzenverlauf stattgefunden haben. Sowohl die Abschreibungsmethoden als auch die Abschreibungszeiträume müssen gemäß IAS 16.61, IAS 16.51 und IAS 38.104 periodisch überprüft werden. Die planmäßige Abschreibung beginnt, sobald ein Vermögenswert genutzt werden kann. (IAS 16.55 bzw. IAS 38.97)

Ausgangsdaten	
Anschaffungskosten der Anlage:	400.000 € (netto)
Datum der Anschaffung und Ingebrauchnahme:	02.01.01
Erwartete Nutzungsdauer:	5 Jahre
Erwarteter Restwert:	40.000 €
Geschätzte Gesamtleistung:	30.000 Betriebsstunden

Beträge in €	01	02	03	04	05
Lineare Abschreibung					
Buchwert am Periodenanfang	400.000	328.000	256.000	184.000	112.000
Abschreibung der Periode	72.000	72.000	72.000	72.000	72.000
Buchwert am Periodenende	328.000	256.000	184.000	112.000	40.000
Geometrisch-degressive Abschreibung					
Abschreibungssatz: $p = 100 \times (1-\sqrt[5]{\frac{40.000}{400.000}}) = 36{,}9043\,\%$					
Buchwert am Periodenanfang	400.000	252.383	159.243	100.475	63.395
Abschreibung der Periode	147.617	93.140	58.768	37.080	23.395
Buchwert am Periodenende	252.383	159.243	100.475	63.395	40.000
Leistungsabhängige Abschreibung					
Betriebsstunden der Periode	5.000	7.000	8.000	6.000	4.000
Buchwert am Periodenanfang	400.000	340.000	256.000	160.000	88.000
Abschreibung der Periode	60.000	84.000	96.000	72.000	48.000
Buchwert am Periodenende	340.000	256.000	160.000	88.000	40.000

Die IFRS kennen weder eine Vereinfachungsregel bezüglich des unterjährigen Abschreibungsbeginns noch eine Sofortabschreibung geringwertiger Vermögenswerte des Anlagevermögens bis zu einem Anschaffungswert von 410 € netto (§ 6 Abs. 2 EStG). Nach dem Grundsatz der Wesentlichkeit gemäß F. 29 und dem Erfordernis zur Abwägung von Nutzen und Kosten gemäß F. 44 dürfte es jedoch nicht zu beanstanden sein, diese Regelungen auch im IFRS-Abschluss anzuwenden. Nur für extreme Einzelfälle wäre eine andere Beurteilung geboten, wie Fall 35 noch einmal verdeutlichen soll.

Fall 35

X hat zum 01.01.01 in Berlin eine Videothek eröffnet. Am 02.01.01 erhält er 2000 Videokassetten für den Verleih à 75 € (netto), 30 Ausstellungsregale à 300 € (netto), 10 Komfort-Stühle à 85 € (netto) sowie 30 Lichtspots à 70 € (netto) geliefert. X möchte in Anlehnung an § 6 Abs. 2 EStG alle gelieferten Vermögenswerte des Anlagevermögens als geringwertige Vermögenswerte ansehen und sofort zum 31.12.01 abschreiben. Ist diese Vorgehensweise mit den IFRS vereinbar?

Nein! Das Anlagevermögen einer Videothek besteht ganz wesentlich aus Verleih-Videokassetten, Regalen, Stühlen und Lichtspots. Die Sofortabschreibung des Anlagevermögens würde dauerhaft sowohl die Darstellung der Vermögenslage als auch die Abbildung der Ertragslage, zumindest in den Anfangsjahren der Videothek, materiell verzerren. Das Ziel des IFRS-Abschlusses (= Vermittlung entscheidungsnützlicher Informationen) würde durch diese Vorgehensweise nicht erreicht werden. Bitte gleich noch einmal über den Grundsatz der Wesentlichkeit nachdenken!

Planmäßige Abschreibungen haben eine **doppelte Funktion**. Zum einen werden die Ausgaben für einen Vermögenswert als Aufwand periodengerecht verteilt (= **GuV-Wirkung**). Zum anderen vermindern sie den Wert des abnutzbaren Anlagevermögens direkt auf der Aktivseite der Bilanz (= **Bilanzwirkung**). Analog zur Regelung des HGB für Kapitalgesellschaften sind demzufolge indirekte passivische Abschreibungen (= Wertberichtigungen) in einem IFRS-Abschluss ausgeschlossen.

Leitsatz 12

!

Planmäßige Abschreibungen

Unter einer planmäßigen Abschreibung bei abnutzbaren Sachanlagen und immateriellen Vermögenswerten versteht man die systematische Verteilung des **Abschreibungsvolumens** auf die voraussichtliche Nutzungsdauer mit Hilfe eines **zweckadäquaten Abschreibungsverfahrens**. Ziel der Abschreibungsverrechnung ist die periodengerechte Aufwandsverteilung. Die planmäßige Abschreibung bewirkt in der Bilanz eine Minderung des Buchwertes des Vermögenswertes und führt in der GuV bzw. Gesamtergebnisrechnung zu Aufwand. Die planmäßige Abschreibung beginnt sobald ein Vermögenswert genutzt werden kann, d.h., wenn er in einem **betriebsbereiten Zustand** ist. Gebräuchlich sind die **lineare**, **geometrisch-degressive** und **leistungsabhängige** Abschreibung.

1.2 Außerplanmäßige Abschreibungen

> Wie § 253 Abs. 3 und 4 HGB sehen auch die IFRS unter bestimmten Voraussetzungen außerplanmäßige Abschreibungen vor. IAS 36 (Wertminderung von Vermögenswerten) normiert die Durchführung von Niederstwerttests, die Berücksichtigung von Wertminderungen und die Vornahme von Wertaufholungen bei bestimmten Vermögenswerten.

Der Anwendungsbereich des IAS 36 erstreckt sich hauptsächlich auf das abnutzbare und nicht abnutzbare sächliche Anlagevermögen, die immateriellen Vermögenswerte und den derivativen Geschäfts- oder Firmenwert. IAS 36 gilt beispielsweise **nicht** für das Vorratsvermögen gemäß IAS 2, für Vermögenswerte aus Fertigungsaufträgen gemäß IAS 11 oder für aktive latente Steuern gemäß IAS 12 (IAS 36.2 bis IAS 36.5).

Nach der Konzeption des IAS 36 sind außerplanmäßige Abschreibungen immer dann auf einem gesonderten Konto vorzunehmen, wenn der **aktuelle Buchwert** eines Vermögenswertes **größer** als der **erzielbare Betrag** ist. Hinter dem Konzept des erzielbaren Betrages steht der Gedanke, dass ein Vermögenswert über eine wirtschaftliche Leistungsfähigkeit verfügen muss, die sicherstellt, dass dessen Buchwert durch Cashflows aus zukünftiger Nutzung gedeckt ist. Der erzielbare Betrag eines Vermögenswertes ist gemäß IAS 36.6 der **höhere** Wert aus **beizulegendem Zeitwert abzüglich der Verkaufskosten** und **Nutzungswert**. Der beizulegende Zeitwert entspricht dem Betrag, der durch den Verkauf eines Vermögenswertes in einer Transaktion zu Marktbedingungen zwischen sachverständigen, vertragswilligen Parteien nach Abzug der direkt zurechenbaren Veräußerungskosten erzielt werden könnte. Der Nutzungswert ist der **Barwert** der geschätzten zukünftigen Mittelzuflüsse aus der fortgesetzten Nutzung des Vermögenswertes im Unternehmen zuzüglich des Erlöses aus seinem Abgang am Ende seiner Nutzungsdauer (IAS 36.6).

Nach IAS 36.9 sind Unternehmen verpflichtet, an jedem Bilanzstichtag zu untersuchen, ob Anzeichen oder Anhaltspunkte dafür vorliegen, dass ein Vermögenswert wertgemindert sein könnte. Beispielhaft werden in IAS 36.12 **unternehmensexterne** und **unternehmensinterne Anzeichen** einer Wertminderung aufgeführt. Gibt es wesentliche Anzeichen, wie beispielsweise fallende Marktwerte eines Vermögenswertes, Überalterung, physische Schäden oder eine abnehmende Ertragskraft des

Vermögenswertes, so ist ein Niederstwerttest (= Wertminderungstest) durchzuführen und gemäß IAS 36.9 der erzielbare Betrag für den betrachteten Vermögenswert zu ermitteln. Übersteigt der aktuelle Buchwert den erzielbaren Betrag des Vermögenswertes, besteht nach IAS 36.59 eine Abschreibungspflicht. In Höhe der Differenz zwischen dem aktuellen Buchwert und dem erzielbaren Betrag ist gemäß IAS 36.60 eine außerplanmäßige Abschreibung auf den erzielbaren Betrag grundsätzlich aufwandswirksam in der GuV zu erfassen.

Fall 36

Der Buchwert einer linear abgeschriebenen Maschine beträgt zum Bilanzstichtag 20.000 €. Die Restnutzungsdauer der Maschine beträgt zwei Jahre. Zum 31.12.01 wurde für diese Maschine ein beizulegender Zeitwert von 18.500 € ermittelt. Der Nutzungswert beträgt 19.000 €.

Wie lautet die entsprechende Buchung?

Wertminderungsaufwand	1.000	an	Maschine 1.000

Nach Vornahme einer außerplanmäßigen Abschreibung gemäß IAS 36 ist der Abschreibungsplan entsprechend zu ändern (IAS 36.63). Sollte der Wertminderungsaufwand höher als der Buchwert des betroffenen Vermögenswertes sein, so hat das Unternehmen gemäß IAS 36.62 auf der Passivseite der Bilanz eine Schuld anzusetzen, soweit ein anderer IFRS-Standard dies verlangt. Hierbei ist vor allem an die Bildung einer Rückstellung zu denken, sofern die entsprechenden Voraussetzungen des IAS 37 erfüllt sind.

Fall 37

Im Anlagevermögen der X-AG befindet sich ein Lagergrundstück zum Buchwert von 300.000 €. Aufgrund eines Unfalls läuft Altöl auf dem Grundstück aus und kontaminiert es. Eine Sanierung würde 400.000 € kosten. Wie ist der Sachverhalt im Jahresabschluss auszuweisen?

Die (gesetzlich vorgeschriebene) Sanierung stellt in der Kontaminierungsperiode Aufwand dar. Die Buchung erfolgt i.H.v. 300.000 € über eine außerplanmäßige Abschreibung des Grundstücks. Die restlichen 100.000 € werden als Rückstellung nach IAS 37 ausgewiesen.

Im Gegensatz zum deutschen Handelsrecht kennen die IFRS **kein gemildertes** Niederstwertprinzip für Vermögenswerte des Anlagevermögens. Außerplanmäßige Abschreibungen sind somit **unabhängig von der erwarteten Dauer** der eingetretenen Wertminderung zwingend vorzunehmen.

Übersicht 8 fasst das Prüfschema des Niederstwerttests gemäß IAS 36 noch einmal grafisch zusammen.

Grundsätzlich ist der erzielbare Betrag für einen **einzelnen** Vermögenswert zu schätzen (**Grundsatz der Einzelbewertung**). Allerdings werden viele Vermögenswerte für sich allein genommen nicht in der Lage sein, Cashflows zu generieren. Die Erzeugung von Cashflows gelingt häufig nur durch den gemeinsamen Einsatz einer **Mehrzahl** von Vermögenswerten. Zur Ermittlung des Nutzungswertes ergeben sich dadurch regelmäßig Probleme bei der Zuordnung einzelner Cashflows zu einem einzelnen Vermögenswert. In diesem Fall hat das Unternehmen den erzielbaren Betrag der zahlungsmittelgenerierenden Einheit zu bestimmen, zu der der Vermögenswert gehört (IAS 36.66). Eine **zahlungsmittelgenerierende Einheit** ist gemäß IAS 36.6 die kleinste identifizierbare Gruppe von Vermögenswerten, die Mittelzuflüsse aus der Nutzung erzeugen, die weitestgehend unabhängig von den Mittelzuflüssen anderer Vermögenswerte oder anderer Gruppen von Vermögenswerten sind. Mittelzuflüsse aus der Nutzung sind gemäß IAS 36.69 Zuflüsse von Zahlungsmitteln und Zahlungsmitteläquivalenten, die von Parteien außerhalb des berichterstattenden Unternehmens zufließen.

Übersicht 8: Wertminderung von Vermögenswerten (IAS 36)

Prüfschema an jedem Bilanzstichtag

Externe Anhaltspunkte (IAS 36.12(a) bis (d))

- deutlich gesunkener Marktwert
- negative technische, marktbezogene, ökonomische und gesetzliche Entwicklung im Unternehmensumfeld
- gestiegene Marktrenditen
- über der Marktkapitalisierung des Unternehmens liegender Buchwert des gesamten Reinvermögens

Interne Anhaltspunkte (IAS 36.12(e) bis (g))

- Schäden und Überalterung
- verschlechterte oder verkürzte Nutzungsmöglichkeiten (z.B. geplanter Abgang oder geplante Einstellung bzw. Restrukturierung des Bereichs, dem der Vermögenswert angehört)
- abnehmende wirtschaftliche Ertragskraft

Niederstwerttest

Buchwert
Bilanzansatz nach Abzug der kumulierten planmäßigen und außerplanmäßigen Abschreibungen (IAS 36.6)

◄ Vergleich ►

Erzielbarer Betrag
Höherer Wert aus beizulegendem Zeitwert abzüglich Verkaufskosten (Verkaufsoption) und Nutzungswert (Weiternutzungsoption) (IAS 36.6)

◄ Absatzmarktorientierung

Beizulegender Zeitwert abzüglich Verkaufskosten
Marktpreis nach Abzug der direkt zurechenbaren Veräußerungskosten (IAS 36.25 bis 36.29)

◄ Vergleich ►

Nutzungswert
Barwert der aus der zukünftigen Nutzung und dem Abgang des Vermögenswertes erwarteten Mittelzuflüsse (IAS 36.30 bis 36.57)

Vertraglich fixierter Preis	Preis auf einem aktiven Markt	Verifizierter Schätzwert	Prognose der Mittelzuflüsse	Festlegung des Zinssatzes

Pflicht zur außerplanmäßigen Abschreibung des Buchwertes auf den erzielbaren Betrag (IAS 36.59): Erfassung des Abwertungsverlustes in der GuV bzw. der Gesamtergebnisrechnung als Aufwand (IAS 36.60) oder Erfassung als Neubewertungsabnahme im sonstigen Ergebnis (Abbau der Neubewertungsrücklage) (IAS 36.60). Änderung des Abschreibungsplanes (IAS 36.63).

1.3 Wertaufholungen

Fall 38

In der Bilanz der X-AG ist eine Maschine zur Abfüllung von Bier in Plastikflaschen als Sachanlage ausgewiesen. Sie wurde in der vorherigen Periode außerplanmäßig abgeschrieben, da der Gesetzgeber eine „Rechtsverordnung zum Verbot des Verkaufs von Bier in Plasteflaschen" beschloss. Hätten Sie diese Abschreibung auch vorgenommen?

Das sollten Sie! IAS 36.12 nennt bei externen Informationsquellen Anhaltspunkte, die mindestens für die Beurteilung, ob der erzielbare Betrag gesunken ist, zu berücksichtigen sind. In Buchstabe (b) ist explizit auch das gesetzliche Umfeld genannt. Da man sowohl von einer Ertragswertminderung als auch von einem gesunkenen Nettoveräußerungspreis ausgehen muss, war eine außerplanmäßige Abschreibung zwingend.

Wurde ein Vermögenswert außerplanmäßig abgeschrieben, so ist gemäß IAS 36.110 künftig zu prüfen, ob die Wertminderung zum Teil oder vollständig kompensiert wurde. IAS 36.111 zählt Indizien für derartige Wertaufholungen auf. Diese sind fast spiegelbildlich zu den Abwertungsindizien des IAS 36.12 formuliert.

Weiter mit Fall 38

In der Bilanz der X-AG ist die Maschine zur Abfüllung von Bier in Plastikflaschen nunmehr mit dem an den geringeren erzielbaren Betrag angepassten Buchwert ausgewiesen. In der Folgeperiode hebt der Gesetzgeber allerdings die „Rechtsverordnung zum Verbot des Verkaufs von Bier in Plasteflaschen" wieder auf, da es sich um ein redaktionelles Versehen handelte. Die Verordnung sollte eigentlich Wein in Plastikkanistern betreffen. Welche Auswirkungen ergeben sich auf den Buchwert?

> Gemäß IAS 36.114 ist eine Wertaufholung zwingend vorzunehmen. Da die Zuschreibung eine Rückgängigmachung der außerplanmäßigen Abschreibung ist und diese zu einer Aufwandsbuchung führte, ist die Zuschreibung auf den erzielbaren Wert ertragswirksam zu buchen. Allerdings darf diese Zuschreibung nicht über die fortgeführten historischen Werte hinaus erfolgen, die aktuell gewesen wären, wenn zwischendurch keine außerplanmäßige Abschreibung vorgenommen worden wäre, sofern das Anschaffungskostenmodell angewendet wird. Nach der Zuschreibung muss der Abschreibungsplan entsprechend angepasst werden.

Immer noch Fall 38

„Heißt das, dass man in anderen Fällen auch Zuschreibungen über die Anschaffungs- oder Herstellungskosten vornehmen kann?", fragt X und führt aus: „Das kann so nicht wahr sein, denn es läge ein Verstoß gegen das Realisationsprinzip vor." Hat X Recht?

Nach dem Ihnen nun bekannten Anschaffungskostenmodell hat er Recht. Allerdings wurde zu Beginn der Lektion 6 darauf hingewiesen, dass es auch ein so genanntes Neubewertungsmodell gibt.

2 Neubewertungsmodell

Bei dem für die Bewertung von Sachanlagen und immateriellen Vermögenswerten ebenfalls zulässigen **Neubewertungsmodell** sind für die Vermögenswerte oder zumindest Gruppen von Vermögenswerten (IAS 16.36 bis IAS 16.38) **Neubewertungen zum beizulegenden Zeitwert** vorzunehmen, die auch **über** die historischen Werte (Anschaffungs- oder Herstellungskosten) hinaus gehen können (IAS 16.31 und IAS 38.75 lesen!!).

2.1 Neubewertung

Fall 39

Die X-AG will ihre Maschinen nach dem Neubewertungsmodell bewerten. Sie wurden bereits ein paar Jahre genutzt, sehen aber noch recht flott aus. X fragt sich nun, wie er wohl den Zeitwert ermitteln soll.

Die IAS 16.32 bis IAS 16.35 geben Hinweise für die Wertermittlung. So sind etwa Grundstücke und Gebäude gemäß IAS 16.32 in der Regel mit ihrem Marktwert, den z.B. vereidigte hauptamtliche Gutachter feststellen können, zu bewerten.

Weiterhin Fall 39

„Na Klasse!", motzt X. „Das hätte ich mir gerade noch selber denken können. Für Grundstücke existieren meist Marktwerte, die ich zur Not auch selbst ermitteln könnte. Das sieht doch aber bei Maschinen und vor allem bei meinen Spezialmaschinen ganz anders aus. Was ist dann zu tun?"

X hat ja Recht. IAS 16.33 bleibt hier naturbedingt auch nebulös. Für technische Anlagen sowie Betriebs- und Geschäftsausstattungen ist der Marktwert demnach durch Schätzung zu ermitteln. Ergeben sich für eine Schätzung keine Anhaltspunkte, sieht er eine Bewertung zu den fortgeführten Wiederbeschaffungskosten vor.

Wie oft eine Neubewertung zu erfolgen hat, ist in IAS 16.34 geregelt. Dort steht zunächst: „Die Häufigkeit der Neubewertungen hängt von den Bewegungen des beizulegenden Zeitwertes der Sachanlagen, die neu bewertet werden, ab.“ Aha!!! Damit soll gesagt werden, dass manchmal die Buchwerte und die Zeitwerte so erheblich voneinander abweichen, dass eine **jährliche** Neubewertung erforderlich ist. In anderen Fällen wird eine drei- oder fünfjährige Neubewertung als ausreichend angesehen.

Immer noch Fall 39

Den Sinn der Neubewertung hat X noch nicht genau verstanden. Ihm kommt ein scheinbar genialer Gedanke. Er will künftig immer die Gruppen von Sachanlagen nach der Neubewertungsmodell bewerten, die einer besonders hohen Preissteigerung unterliegen. Die Wertsteigerungen würde er dann erfolgswirksam buchen (Sachanlagen an Ertrag) und könnte somit den Gewinn der X-AG „optisch tunen“. Teilen Sie seine Ansicht?

2.2 Neubewertungsrücklage

Die Idee, damit Bilanzpolitik zu betreiben, mag aus seiner Sicht überzeugen. Dem *True and Fair View* entspricht sie sicher nicht.

> Daher dürfen diese Zuschreibungen auch nicht erfolgswirksam über ein Ertragskonto gebucht werden. Vielmehr sieht IAS 16.39 eine erfolgsneutrale Buchung im sonstigen Ergebnis und eine Umbuchung in eine **Neubewertungsrücklage** vor, die Teil des Eigenkapitals ist. Die direkte **erfolgsneutrale** Buchung würde dann Sachanlagen an Neubewertungsrücklage lauten und zu einer Bilanzverlängerung führen. Aus didaktischen Gründen erfolgt die Darstellung der Grundsätze des Neubewertungsmodells anhand der direkten erfolgsneutralen Buchung.

Fall 40

X protestiert. Wenn z.B. eine nicht abnutzbare Sachanlage außerplanmäßig um 10.000 € abgeschrieben wurde und in einer späteren Periode eine Zuschreibung i.H.v. 12.000 € erfolgt, weil der Grund für die außerplanmäßige Abschreibung entfallen ist, müsste doch eigentlich die frühere Aufwandsbuchung durch eine Ertragsbuchung korrigiert werden, oder?

Stimmt! Wurde eine durch eine Aufwandsbuchung erfasste Wertminderung rückgängig gemacht, ist gemäß IAS 16.39 lediglich der die außerplanmäßige Abschreibung übersteigende Betrag erfolgsneutral in die Neubewertungsrücklage einzustellen und der Rest als Ertrag zu buchen. Die Buchung lautet:

Sachanlage	12.000	an	NB-Rücklage	2.000
			andere Erträge	10.000

Fall 41

Und wenn es umgekehrt kommt? Wenn also zunächst eine erfolgsneutrale Zuschreibung i.H.v. 10.000 € erfolgt ist und später eine Wertminderung i.H.v. 12.000 € zu buchen ist?

Wenn Sie das Prinzip verstanden haben, ist die Lösung einfach. Man würde zur Erfassung der Wertminderung zunächst die Neubewertungsrücklage auflösen und lediglich den Rest als Wertminderungsaufwand in der GuV ausweisen (IAS 16.40). Die Buchung muss also lauten:

NB-Rücklage	10.000			
Wertminderungsaufwand	2.000	an	Sachanlage	12.000

Fall 42

Die X-AG hat in 01 ein Lagergrundstück für 100.000 € erworben. Aufgrund der allgemeinen wirtschaftlichen Lage steigen die Preise für Grundstücke erheblich. Daher beträgt der Zeitwert zum 31.12.01 bereits 180.000 €. Am 03.01.02 veräußert (= Übergang von Nutzungen und Lasten) die X-AG das Grundstück für 180.000 €. Wie wird der Sachverhalt nach dem Neubewertungsmodell gebucht?

Zunächst ist das Grundstück beim **Zugang** mit den Anschaffungskosten i.H.v. 100.000 € zu bewerten:

Grund und Boden	100.000	an	Bank	100.000

Zum 31.12.01 erfolgt eine erfolgsneutrale Zuschreibung i.H.v. 80.000 €. Die Neubewertungsrücklage wird gesondert im Eigenkapital ausgewiesen:

Grund und Boden	80.000	an	NB-Rücklage	80.000

Beim **Verkauf** des Grund und Bodens am 03.01.02 erfolgt ein Aktivtausch **ohne Gewinnrealisation**:

Bank	180.000	an	Grund und Boden	180.000

Da mit dem Ausscheiden des Vermögenswertes aus dem Betriebsvermögen der Vorgang abgeschlossen und die Neubewertungsrücklage als **realisiert** gilt, ist sie gemäß IAS 16.41 **direkt** (ebenfalls erfolgsneutral) in die **Gewinnrücklagen** umzubuchen; es erfolgt also ein Passivtausch. Dadurch haben sich die Gewinnrücklagen um 80.000 € erhöht, ohne dass in der GuV ein entsprechender Ertrag erfolgswirksam ausgewiesen wird:

NB-Rücklage	80.000	an	Gewinnrücklagen	80.000

Weiter mit Fall 42

Was würde sich an der Bilanzierung ändern, wenn die X-AG das Grundstück nach dem Anschaffungskostenmodell bewertet hätte?

In diesem Fall wäre es zu keiner Zuschreibung über die Anschaffungskosten hinaus gekommen. Daher wäre der Veräußerungserfolg nicht direkt über das Eigenkapital, sondern über die GuV geleitet worden. Es käme also nach dem Anschaffungskostenmodell, im Unterschied zum Neubewertungsmodell, zu einem **erfolgswirksamen Ertragsausweis**. Im Ergebnis weisen aber die Gewinnrücklagen bei beiden Modellen die gleiche Höhe aus.

2.3 Planmäßige Abschreibungen nach einer Neubewertung

Auch wenn X das Prinzip der Neubewertung verstanden hat, sind noch die Fragen offen, wie planmäßige Abschreibungen bei diesem Modell zu berücksichtigen sind und welche Auswirkungen sie auf die Neubewertungsrücklage haben.

Fall 43

Die X-AG hat am 04.01.01 eine Maschine für 100.000 € netto erworben. Die Nutzungsdauer wird mit vier Jahren geschätzt; die Abschreibung soll linear erfolgen. Inflationsbedingt steigen die Preise für Maschinen. Daher beträgt der Zeitwert einer vergleichbaren neuen Maschine zum 31.12.01 120.000 €. Am 01.01.02 veräußert die X-AG die Maschine für 90.000 €. Wie wird der Sachverhalt nach dem Neubewertungsmodell gebucht?

Das ist etwas komplizierter, daher der Reihe nach. Im **Zugangszeitpunkt** wird die Maschine mit ihren Anschaffungskosten bewertet:

Maschine	100.000	an	Bank	100.000

Bevor am 31.12.01 die Maschine neubewertet wird, muss zunächst die planmäßige Abschreibung erfasst werden:

Abschreibung	25.000	an	Maschine	25.000

Sodann hat die Neubewertung zu erfolgen. Allerdings kann nicht auf die vollen 120.000 € zugeschrieben werden. In diesem Fall würde man Äpfel mit Birnen vergleichen. Die 120.000 € stehen für eine neue Maschine; die Maschine der X-AG ist jedoch bereits ein Jahr alt. Der Wiederbeschaffungspreis für eine neue Maschine ist daher fiktiv um ein Jahr i.H.v. 30.000 € auf 90.000 € abzuschreiben. Oder anders ausgedrückt: Die bisher vorgenommenen Abschreibungen werden proportional zur Steigerung der Wiederbeschaffungskosten der Maschine angepasst (IAS 16.35 Buchstabe (a)). Der Buchungssatz lautet:

Maschine	15.000	an	NB-Rücklage	15.000

Zum 31.12.01 würde so die Maschine mit 90.000 € ausgewiesen werden. Dem stünde eine Neubewertungsrücklage i.H.v. 15.000 € gegenüber. Dies ist sinnvoll, da die Differenz aus dem Buchwert der Maschine und der Neubewertungsrücklage (= 75.000 €) genau den fortgeführten Anschaffungskosten einer Maschine entspricht, die nach dem Anschaffungskostenmodell bewertet wird.

Wird die Maschine am 01.01.02 für 90.000 € verkauft und geliefert, erfolgt ein Aktivtausch ohne Gewinnrealisation:

Bank	90.000	an	Maschine	90.000

Da mit dem Ausscheiden des Vermögenswertes aus dem Betriebsvermögen die Neubewertungsrücklage realisiert ist, wird der noch verbliebene Rest der Neubewertungsrücklage durch eine erfolgsneutrale Umbuchung in die Gewinnrücklagen aufgelöst:

NB-Rücklage	15.000	an	Gewinnrücklagen	15.000

Weiter mit Fall 43

„Das habe ich verstanden", hofft X. „Nach dem Neubewertungsmodell entspricht die Differenz aus dem Buchwert eines neubewerteten Vermögenswertes und seiner Neubewertungsrücklage immer dem Buchwert eines Vermögenswertes, der nach dem Anschaffungskostenmodell bewertet würde. Dies müsste also auch der Fall sein, wenn ich die Maschine ein weiteres Jahr abschreibe, anstatt sie zu verkaufen." Stimmt das?

Es kommt darauf an! IAS 16.41 gewährt dem Bilanzierenden ein Wahlrecht. Danach kann die Neubewertungsrücklage entweder sofort während der betrieblichen Nutzungsdauer proportional zur Abschreibung in die Gewinnrücklage umgebucht oder bis zum Abgang des betreffenden Vermögenswertes stehen gelassen werden. Im ersten Fall wäre wie folgt zu buchen:

Abschreibung	30.000	an	Maschine	30.000
NB-Rücklage	5.000	an	Gewinnrücklagen	5.000

Der Buchwert der Maschine würde so 60.000 € und die Neubewertungsrücklage 10.000 € betragen. Zieht man von dem Buchwert der Maschine nach dem Neubewertungsmodell die Neubewertungsrücklage ab, erhält man wiederum den Wert, der nach dem Anschaffungskostenmodell aktuell gewesen wäre (50.000 €).

Entschiede man sich für die andere Möglichkeit und ließe die Neubewertungsrücklage bis zu einem späteren Abgang der Maschine stehen, wäre lediglich die Abschreibung zu buchen:

Abschreibung	30.000	an	Maschine	30.000

Der Buchwert der Maschine nach dem Neubewertungsmodell (60.000 €) abzüglich der Neubewertungsrücklage (15.000 €) entspräche so nicht mehr dem Wert nach dem Anschaffungskostenmodell (50.000 €).

In der Literatur ist man sich einig, dass nur die laufende Umbuchung der Neubewertungsrücklage die sachgerechte Alternative darstellt. Entsprechende Erfahrungen aus der Praxis fehlen, da das Neubewertungsmodell kaum genutzt wird. Auf jeden Fall **nicht erlaubt** ist gemäß IAS 16.41 die **erfolgswirksame Umbuchung** der Neubewertungsrücklage **über die GuV**.

Leitsatz 13

Neubewertungsmodell

Bei dem für die Bewertung des Sachanlagevermögens alternativ zulässigen Neubewertungsmodells sind für die Sachanlagen oder zumindest Gruppen von Sachanlagen Neubewertungen zum beizulegenden Zeitwert vorzunehmen, die auch über die historischen Werte (Anschaffungs- oder Herstellungskosten) hinausgehen können.

Der Zeitwert entspricht in der Regel dem Marktwert. Für technische Anlagen sowie Betriebs- und Geschäftsausstattungen ist der Marktwert gegebenenfalls durch Schätzung zu ermitteln. Ergeben sich für eine Schätzung keine Anhaltspunkte, ist eine Bewertung zu den fortgeführten Wiederbeschaffungskosten vorzunehmen.

Die Zuschreibungen werden nicht erfolgswirksam über ein Ertragskonto gebucht. Vielmehr sieht IAS 16.39 eine erfolgsneutrale Kumulierung der unrealisierten Wertzuschreibungen in einer **Neubewertungsrücklage** vor, die Teil des Eigenkapitals ist. Mit dem Ausscheiden des Vermögenswertes aus dem Betriebsvermögen wird die Neubewertungsrücklage gemäß IAS 16.41 durch (weiterhin erfolgsneutrale) Umbuchung in die Gewinnrücklagen aufgelöst.

Lektion 7: Bilanzierung der Aktiva

1 Sachanlagen (IAS 16)

Der wesentliche Standard zur Bilanzierung von Sachanlagen ist IAS 16. Weitere Regelungen finden sich in IAS 17 (Leasingverhältnisse) und IAS 40 (als Finanzinvestitionen gehaltene Immobilien).

Sachanlagen umfassen materielle Vermögenswerte, die ein Unternehmen für Zwecke der Herstellung oder der Lieferung von Gütern und Erbringung von Dienstleistungen, zur Vermietung an Dritte oder für Verwaltungszwecke besitzt und die erwartungsgemäß länger als eine Periode genutzt werden (IAS 16.6). Sachanlagen sind als Vermögenswerte zu aktivieren, wenn es wahrscheinlich ist, dass ein mit ihnen verbundener künftiger wirtschaftlicher Nutzen dem Unternehmen zufließen wird und ihre Anschaffungs- oder Herstellungskosten verlässlich ermittelt werden können (IAS 16.7). Dies entspricht den Ansatzkriterien des Rahmenkonzeptes (F. 83).

Entscheidend für die Bilanzierung von Sachanlagen ist das wirtschaftliche, **nicht das rechtliche Eigentum** (F. 57).

Die IFRS sehen keine verbindliche Mindestuntergliederung der Sachanlagen vor. Gemäß IAS 16.37 umfassen Sachanlagen beispielsweise unbebaute Grundstücke, Grundstücke und Gebäude, Maschinen, Schiffe, Flugzeuge, Kraftfahrzeuge, Betriebsausstattungen sowie Büroausstattungen.

Ersatzteile, Werkzeuge oder Wartungsgeräte stellen normalerweise Vorräte gemäß IAS 2 dar. Handelt es sich dabei aber um bedeutende Vermögenswerte und werden sie erwartungsgemäß länger als eine Periode genutzt oder können sie nur in Zusammenhang mit einer Sachanlage genutzt werden, so sind sie gemäß IAS 16.8 unter den Sachanlagen auszuweisen.

Der Nichtansatz von Vermögenswerten des Sachanlagevermögens mit Anschaffungs- oder Herstellungskosten bis 60 €, so genannte geringstwertige Vermögenswerte, ist nicht explizit in den IFRS vorgesehen.

Gestützt auf den Grundsatz der Wesentlichkeit in F. 29 f. ist der Nichtansatz als unproblematisch anzusehen. Gleiches gilt auch für die Sofortabschreibung **geringwertiger** Vermögenswerte des Anlagevermögens bis 410 € (netto).

> Sachanlagen sind bei ihrer **erstmaligen Erfassung** in der Bilanz mit ihren Anschaffungs- oder Herstellungskosten anzusetzen (IAS 16.15). Im Rahmen der **Folgebewertung** von Sachanlagen kann zwischen dem Anschaffungskostenmodell und dem Neubewertungsmodell gewählt werden. (IAS 16.29)

Bei dem Anschaffungskostenmodell sind abnutzbare Sachanlagen über deren voraussichtliche Nutzungsdauer **planmäßig** abzuschreiben (IAS 16.30). Ihre Bewertung erfolgt zu den fortgeführten Anschaffungs- oder Herstellungskosten. Rein **steuerrechtlich** motivierte Abschreibungen sind nach den IFRS **unzulässig**. Gegebenenfalls sind **außerplanmäßige Abschreibungen**, unabhängig von der Dauer der Wertminderung, auf den niedrigeren erzielbaren Betrag erforderlich. Sofern die Gründe, die zu einer außerplanmäßigen Abschreibung geführt haben, später wieder entfallen, ist **zwingend** eine **Zuschreibung** vorzunehmen (IAS 36.114). Obergrenze dieser ergebniswirksamen Zuschreibung sind die fortgeführten Anschaffungs- oder Herstellungskosten (IAS 36.119 i.V.m. IAS 36.117). Die Bemessungsgrundlage der künftigen planmäßigen Abschreibungen ist nach einer erfolgten Zu- oder Abschreibung zu korrigieren. (IAS 36.121)

Fall 44

Die X-AG weist in ihrer vorläufigen IFRS-Bilanz zum 31.12.01 ein Förderband mit einem Buchwert von 125.000 € aus. Die Restnutzungsdauer beträgt fünf Jahre. Das Förderband wurde linear abgeschrieben. Durch die Insolvenz eines der Hauptauftraggeber der X-AG kam es in 01 beim Förderband zu längeren Stillstandszeiten. Das Förderband könnte zum 31.12.01 am Gebrauchtmaschinenmarkt für 114.000 € netto abzüglich Veräußerungskosten i.H.v. 2.500 € verkauft werden. Die dem Förderband zurechenbaren diskontierten Cashflows für die nächsten fünf Jahre belaufen sich auf 109.000 €. Muss die X-AG zum 31.12.01 eine außerplanmäßige Abschreibung auf das Förderband vornehmen?

Ja! Der Buchwert des Förderbandes liegt mit 125.000 € über dem erzielbaren Betrag. Der erzielbare Betrag ist gemäß IAS 36.6 der höhere Wert aus beizulegendem Zeitwert abzüglich der Verkaufskosten (111.500 €) und Nutzungswert (109.000 €). Die X-AG muss folglich eine außerplanmäßige Abschreibung i.H.v. 13.500 € vornehmen:

Wertminderungs-aufwand	13.500	an	technische Anlagen	13.500

Fall 45

Im Jahr 03 ergibt sich für das Förderband ein attraktives neues Einsatzgebiet. Der Marktwert des Förderbandes beträgt zum 31.12.03 85.000 €. Die X-AG bewertet nach wie vor nach dem Anschaffungskostenmodell. Mit welchem Wert wird das Förderband zum 31.12.03 in der IFRS-Bilanz der X-AG ausgewiesen?

Das Förderband wird mit den fortgeführten Anschaffungskosten i.H.v. 75.000 € bilanziert (Buchwert 125.000 € zum 31.12.01 ./. planmäßige Abschreibungen der Jahre 02 und 03 i.H.v. jeweils 25.000 €):

	Vorläufiger Buchwert zum 31.12.01	125.000 €
./.	außerplanmäßige Abschreibung in 01	13.500 €
=	Buchwert zum 31.12.01	111.500 €
./.	planmäßige Abschreibung in 02 (111.500 €: 5 Jahre)	22.300 €
=	Buchwert zum 31.12.02	89.200 €
./.	planmäßige Abschreibung in 03	22.300 €
=	Vorläufiger Buchwert zum 31.12.03	66.900 €
+	Zuschreibung auf die fortgeführten Anschaffungskosten i.H.v. 75.000 €	8.100 €
=	Buchwert zum 31.12.03	75.000 €

technische Anlagen	8.100	an	andere Erträge	8.100

Bei Anwendung des **Neubewertungsmodells** ist auch eine **Neubewertung** der Sachanlagen zum beizulegenden Zeitwert im Zeitpunkt der Neubewertung zulässig.

Dieser wird dann in den Folgeperioden um anfallende Abschreibungen und Abwertungsverluste sowie Zuschreibungen korrigiert (IAS 16.31). Wird eine Sachanlage neu bewertet, ist die **ganze Gruppe** der Sachanlagen, zu der der Vermögenswert gehört, neu zu bewerten (IAS 16.36). Im Rahmen dieser Bewertungsmethode können sich, wie bereits aufgezeigt, auch Wertansätze **oberhalb** der historischen Anschaffungs- oder Herstellungskosten ergeben, was mit dem HGB **unvereinbar** ist.

Übersicht 9 verdeutlicht noch einmal zusammengefasst die Modelle der Folgebewertung für Sachanlagen gemäß IAS 16:

Übersicht 9: Bewertung von Sachanlagen

Sachanlagen nach IAS 16

▼ Zugangsbewertung ▼

Sachanlagen nach IAS 16

▼ Folgebewertung: Wahlrecht ▼

Anschaffungskostenmodell: Fortgeführte Anschaffungs- oder Herstellungskosten ./. planmäßige Abschreibungen	Neubewertungsmodell: Beizulegender Zeitwert ./. nachfolgender planmäßiger Abschreibung
▼	▼
./. Wertminderungen (IAS 36) + Zuschreibungen (IAS 36)	Regelmäßige Überprüfung des beizulegenden Zeitwertes; Wertänderungen über fortgeführte AHK erfolgsneutral; Wertänderungen unter fortgeführte AHK erfolgswirksam

Fall 46

Am 01.01.01 erhält die X-AG eine neue Produktionsanlage geliefert. Die Anschaffungskosten betragen 100.000 € netto. Die Nutzungsdauer wird mit fünf Jahren geschätzt. Ein Restwert am Ende der Nutzungsdauer wird nicht erwartet. Die Produktionsanlage soll linear abgeschrieben werden. Zum 31.12.03 steigt der beizulegende Zeitwert der Produktionsanlage infolge neu entdeckter Einsatzbereiche auf 120.000 €. Die Produktionsanlage wird für 1.000 € netto am 31.12.05 an einen Schrotthändler verkauft, der diese auch am selben Tag abtransportiert. Die X-AG bewertet nach dem Neubewertungsmodell. Wie entwickeln sich die Wertansätze für die Produktionsanlage und die korrespondierende Neubewertungsrücklage in den IFRS-Abschlüssen der Jahre 01 bis 05 der X-AG, wenn die Neubewertungsrücklage in Anlehnung an den Abschreibungsverlauf umgebucht wird?

Produktionsanlage	01	02	03	04	05
Vorgang	Kauf und Ingebrauchnahme		Neubewertung		Verkauf und Lieferung für 1.000
Buchwert am 01.01.	100.000	80.000	60.000	120.000	60.000
Planmäßige Abschreibung	20.000	20.000	20.000	60.000	60.000
Buchwert am 31.12.	80.000	60.000	120.000	60.000	0
Wirkung auf GuV	./. 20.000	./. 20.000	./. 20.000	./. 60.000	./. 60.000 + 1.000
Änderung der Neubewertungsrücklage			+ 80.000	./. 40.000	./. 40.000
Neubewertungsrücklage am 31.12.			+ 80.000	+40.000	0

Buchungen

Jahr 01

Produktionsanlage	100.000	an	Finanzkonto	100.000
Abschreibung	20.000	an	Produktionsanlage	20.000

Jahr 02

Abschreibung	20.000	an	Produktionsanlage	20.000

Jahr 03

Abschreibung	20.000	an	Produktionsanlage	20.000
Produktionsanlage	80.000	an	NB-Rücklage	80.000

Jahr 04

Abschreibung	60.000	an	Produktionsanlage	60.000
NB-Rücklage	40.000	an	Gewinnrücklage	40.000

Jahr 05

Abschreibung	60.000	an	Produktionsanlage	60.000
NB-Rücklage	40.000	an	Gewinnrücklage	40.000
Finanzkonto	1.000	an	andere Erträge	1.000

Eine Besonderheit ergibt sich für die Berechnung der (planmäßigen und außerplanmäßigen) Abschreibungsbeträge aus IAS 16.43. Nach dieser Regelung ist jeder Teil einer Sachanlage gesondert abzuschreiben (individuelle Abschreibungsdauer und Abschreibungsmethode), wenn die anteiligen Anschaffungskosten im Vergleich zum gesamten Wert der Sachanlage bedeutsam sind. Dieses Vorgehen wird als **Komponentenansatz** bezeichnet, weil ein Vermögenswert gedanklich in Einzelteile (Komponenten) zerlegt wird. Als Beispiel wird in IAS 16.44 ein Flugzeug genannt, bei dem das Flugwerk und die Triebwerke getrennt folgebewertet werden sollen. Nach der Aussonderung dieser bedeutsamen Teile wird der verbleibende Rest ebenfalls getrennt abgeschrieben. Um die Relevanz des Komponentenansatzes zu betonen, legt das IASB in IAS 16.47 nochmals nach und lässt sogar dann eine getrennte Abschreibung explizit zu, wenn die Anschaffungskosten der jeweiligen Teile im Verhältnis zu dem Gesamtwert nicht signifikant sind. Nach HGB ist der Komponentenansatz nicht zulässig, da das Prinzip der Einheit eines Vermögensgegenstandes (ein Auto ist ein Auto) gilt.

In der Praxis wird man auch nach IFRS unter Hinweis auf das Prinzip der Abwägung zwischen Kosten und Nutzen und den Grundsatz der Wesentlichkeit von der Anwendung des Komponentenansatzes eher absehen.

Leitsatz 14

Sachanlagen (IAS 16)

Sachanlagen sind materielle Vermögenswerte, die im Rahmen der gewöhnlichen Geschäftstätigkeit erwartungsgemäß länger als eine Periode genutzt werden. Die **Zugangsbewertung** erfolgt auf Basis der Anschaffungs- oder Herstellungskosten (IAS 16.15). Im Rahmen der **Folgebewertung** von Sachanlagen kann zwischen dem Anschaffungskostenmodell (= Bewertung mit den fortgeführten Anschaffungs- oder Herstellungskosten) und dem Neubewertungsmodell (= Bewertung mit dem fortgeführten beizulegenden Zeitwert) gewählt werden (IAS 16.29). Unabhängig von der Wahlrechtsausübung ist bei der Folgebewertung zusätzlich der so genannte Komponentenansatz zu beachten (IAS 16.43).

2 Als Finanzinvestition gehaltene Immobilien (IAS 40)

IAS 40 regelt den Ansatz, die Bewertung sowie die Anhangsangaben von Immobilien, die als Finanzinvestition gehalten werden (IAS 40.1). Nach IAS 40.5 handelt es sich hierbei um Grundstücke und / oder Gebäude oder Gebäudeteile, die vom Eigentümer oder vom Leasingnehmer im Rahmen eines Finanzierungsleasingverhältnisses zur Erzielung von Miet- oder Pachterträgen und / oder zum Zwecke der Wertsteigerung gehalten werden. Gemäß IAS 40.5 muss es sich um Finanzanlagen in Immobilien und nicht um eigenbetrieblich genutzte Liegenschaften handeln, die vom Eigentümer oder vom Leasingnehmer (im Rahmen eines Finanzierungsleasings) zur Herstellung oder Lieferung von Gütern, zur Erbringung von Dienstleistungen, für Verwaltungszwecke oder zum Verkauf im Rahmen der gewöhnlichen Geschäftstätigkeit des Unternehmens gehalten werden (IAS 40.7). Beispiele zur Abgrenzung finden sich in IAS 40.8 und 40.9.

Kennzeichnendes Merkmal für **Anlageimmobilien**, auch Anlageliegenschaften oder Renditeliegenschaften genannt, ist, dass sie die Funktion einer Kapitalanlage erfüllen.

Fall 47

Die X-GmbH erwirbt von der Y-AG ein Hotel und führt es eigenständig. Nach welchem Standard muss die X-GmbH das Hotel in ihrer IFRS-Bilanz bilanzieren?

Ein vom Eigentümer eigenständig geführtes Hotel ist als eigenbetrieblich genutzte Liegenschaft anzusehen und gemäß IAS 16 zu bilanzieren.

IAS 40 soll zu einer verbesserten Berichterstattung über den **Erfolgsbeitrag** dieser speziellen Kategorie von Vermögenswerten beitragen. Dem liegt gemäß IAS 40.7 der Gedanke zugrunde, dass eine Anlageimmobilie Cashflows generieren kann, die – im Gegensatz zu eigenbetrieblich genutzten Liegenschaften – weitgehend **unabhängig** von den anderen vom Unternehmen gehaltenen Vermögenswerten anfallen.

Gemischt genutzte Immobilien, also Immobilien die beispielsweise teilweise zur Erzielung von Mieterträgen und teilweise zum Zwecke der Herstellung und Lieferung von Gütern gehalten werden, sind gemäß IAS 40.10 als **getrennte Immobilienteile** zu bilanzieren, sofern sie gesondert verkauft (oder im Rahmen eines Finanzierungsleasingverhältnisses gesondert vermietet) werden können. Ist das Kriterium der **Einzelveräußerbarkeit** nicht erfüllt, so kann eine Liegenschaft nur dann als Anlageimmobilie gemäß IAS 40 bilanziert werden, wenn gemäß IAS 40.10 der eigenbetrieblich genutzte Anteil als **unbedeutend** anzusehen ist. Da in IAS 40 **keine quantitativen Grenzwerte** zu dieser Problematik festgelegt werden, bietet diese Regelungslücke dem Management einen erheblichen **bilanzpolitischen Ermessensspielraum**.

Bietet ein Unternehmen im Rahmen der Vermietung oder Verpachtung einer Immobilie den Mietern oder Pächtern noch **weitere liegenschaftsbezogenen Dienstleistungen** an, so kann eine eindeutige Klassifizierung als Anlageimmobilie **schwierig** werden. Machen beispielsweise Sicherheits-, Instandhaltungs-, Reinigungs- oder Verwaltungsdienstleistungen seitens des Eigentümers einer Anlageimmobilie einen nur **unbedeutenden** Bestandteil des Miet- oder Pachtvertrages aus, so ist gemäß IAS 40.11 eine Bilanzierung nach IAS 40 unproblematisch. Machen dagegen die Erträge aus den Nebenleistungen einen **wesentlichen Anteil** an den Gesamterträgen der Vermietung oder Verpachtung aus, dann erfolgt eine Bilanzierung der Immobilie nach IAS 16 (IAS 40.12). IAS 40 lässt auch an dieser Stelle eine exakte Festlegung von Bandbreiten offen, sodass sich für das Management auch hier weitere **bilanzpolitische Spielräume** eröffnen.

Fall 48

Die X-GmbH erwirbt von der Y-AG eine große Lagerhalle und verpachtet diese für 2.000.000 € pro Jahr auf zehn Jahre an die Z-AG. Im Pachtvertrag wird vereinbart, dass die X-GmbH für die Dauer des Pachtvertrages die Gebäudereinigung durchführt und diese liegenschaftsbezogene Dienstleistung der Z-AG in Rechnung stellt (Rechnungsbetrag: 15.000 € netto pro Jahr). Nach welchem Standard muss die X-GmbH die Lagerhalle in ihrer IFRS-Bilanz bilanzieren?

Die Nebenleistung hat einen nur unbedeutenden Anteil am Gesamtertrag aus der Verpachtung der Lagerhalle. Die Lagerhalle ist nach IAS 40 zu bilanzieren.

Anlageimmobilien sind gemäß IAS 40.16 als Vermögenswerte zu **aktivieren**, wenn es wahrscheinlich ist, dass dem Unternehmen ein mit ihnen verbundener künftiger wirtschaftlicher Nutzen zufließen wird und die Anschaffungs- oder Herstellungskosten verlässlich ermittelt werden können. Maßgebend für den Bilanzansatz ist das wirtschaftliche und nicht das zivilrechtliche Eigentum. Im Fall einer Immobilie wird wirtschaftliches Eigentum durch die tatsächliche Sachherrschaft über das Objekt und einen auf Eigentumsübertragung gerichteten Vertrag begründet.

Fall 49

Die X-GmbH erwirbt von der Z-AG ein Bürogebäude zum Zwecke der Fremdvermietung. Am 01.11.01 schließen die beiden Vertragsparteien einen Kaufvertrag ab und vereinbaren, dass zum 01.12.01 Besitz, Gefahr, Nutzen und Lasten auf den Erwerber übergehen sollen. Die notarielle Beurkundung des Kaufvertrages erfolgt am 13.01.02. Die Eintragung des Eigentumswechsels in das Grundbuch erfolgt wegen totaler Überlastung des Grundbuchamtes erst am 16.06.02. Muss die X-GmbH die Anlageimmobilie zum Bilanzstichtag 31.12.01 in ihrer IFRS-Bilanz ausweisen?

Ja! Das wirtschaftliche Eigentum ist unabhängig von der Auflassung und der Grundbucheintragung, aber auch unabhängig von der notariellen Beurkundung des Kaufvertrages zum 01.12.01 auf die X-GmbH übergegangen. Die X-GmbH hat ab diesem Zeitpunkt Besitz, Gefahr, Nutzen und

Lasten inne und trägt damit alle mit der Anlageimmobilie verbundenen Chancen und Risiken.

Die **Zugangsbewertung** einer Anlageimmobilie erfolgt gemäß IAS 40.20 bei Grund und Boden zu Anschaffungskosten und bei Gebäuden oder Gebäudeteilen zu Anschaffungs- oder Herstellungskosten, wobei Transaktionskosten in die erstmalige Bewertung mit einzubeziehen sind. Gehen als Finanzinvestitionen gehaltene Immobilien mit einem einheitlichen Anschaffungspreis zu, so bedarf es einer **Aufteilung** des Anschaffungspreises auf Grund und Boden einerseits und Gebäude andererseits. Gemäß IAS 40.21 umfassen die **Anschaffungskosten** neben dem **Kaufpreis**, gegebenenfalls unter Berücksichtigung von zu übernehmenden Verbindlichkeiten wie beispielsweise Hypotheken- oder Grundschulden, auch die Anschaffungsnebenkosten, soweit sie dem Anschaffungsvorgang direkt zurechenbar sind. Typische Beispiele für **Anschaffungsnebenkosten** von Anlageimmobilien sind **Makler-** und **Vermittlungsgebühren**, **Notariats-** und **Gerichtskosten** für die notarielle Beurkundung des Kaufvertrages sowie die Eintragung in das Grundbuch und die **Grunderwerbsteuer**, die mit dem Abschluss des notariell beurkundeten Kaufvertrages anfällt. **Nicht** zu den Anschaffungs- oder Herstellungskosten gehören gemäß IAS 40.23 Gründungs- und/oder Anlaufkosten, anfängliche Verluste, die sich aus einer unzureichenden Vermietung ergeben sowie überhöhte Kosten betrieblicher Produktionsfaktoren.

Fall 50

Die Z-GmbH erwirbt (= Kauf und Ingebrauchnahme) am 10.01.01 ein Gebäude mit zwei identischen Doppelhaushälften. Davon wird die eine Hälfte als Büro selbst genutzt, die andere Hälfte an einen Steuerberater vermietet. Da sich die Haushälften in einem stark renovierungsbedürftigen Zustand befinden, muss die Z-GmbH, neben dem für den Zustand der Haushälften angemessenen Kaufpreis von 100.000 € je Haushälfte noch einmal 80.000 € für Reparaturarbeiten je Hausteil aufwenden. An weiteren Erwerbskosten fallen an:

Notargebühren	10.000 €
Maklergebühren	20.000 €
Grundbucheintragung	5.000 €
Grunderwerbsteuer	7.000 €

Wie hoch sind die Anschaffungskosten der Haushälften? Nach welchem IFRS erfolgt die Bilanzierung der Haushälften?

Die Anschaffungskosten für eine Doppelhaushälfte betragen:

Kaufpreis	100.000 €
Reparaturkosten	80.000 €
Notargebühren	5.000 €
Maklergebühren	10.000 €
Grundbucheintragung	2.500 €
Grunderwerbsteuer	3.500 €
Anschaffungskosten	201.000 €

Da es sich bei der **fremdvermieteten** Haushälfte um eine Kapitalanlage handelt, erfolgt die Bilanzierung nach IAS 40. Die Aktivierung von 80.000 € für Reparaturarbeiten ist geboten, weil sich der renovierungsbedürftige Zustand bereits in einem geringeren Kaufpreis niedergeschlagen hat und die Repaparaturen notwendig sind, um die Immobilie in einen betriebsbereiten Zustand zu versetzen (IAS 40.23 Buchstabe (a)). Die **eigengenutzte** Haushälfte ist nach IAS 16 zu bilanzieren.

Die **Herstellungskosten** einer selbst erstellten Anlageimmobilie umfassen bei Gebäuden jene Ausgaben, die bis zum Zeitpunkt der Fertigstellung des Gebäudes angefallen sind. Die einzubeziehenden Ausgabenelemente richten sich allerdings nach IAS 16. Erst mit der Fertigstellung des Gebäudes gelangt IAS 40 zur Anwendung.

Finanzierungsausgaben für als Finanzinvestition gehaltene Immobilien müssen als Anschaffungsnebenkosten aktiviert werden. Voraussetzung für die Aktivierung von Finanzierungsausgaben ist, wie Sie ja bereits wissen, dass es sich gemäß IAS 23 um so genannte **qualifizierte Vermögenswerte** handelt (IAS 23.8).

Bei der **Folgebewertung** hat der Bilanzierende gemäß IAS 40.30 ein Wahlrecht zwischen dem **Anschaffungskostenmodell** gemäß IAS 40.56 oder dem **Modell des beizulegenden Zeitwerts** gemäß IAS 40.33 bis IAS 40.55. Das einmal gewählte Folgebewertungsmodell ist gemäß IAS 40.30 für alle Anlageimmobilien einheitlich auszuüben und stetig beizubehalten. Eine Änderung des Folgebewertungsmodells darf gemäß

IAS 40.31 nur dann erfolgen, wenn die Änderung zu einer sachgerechteren Darstellung der Ereignisse oder Geschäftsvorfälle im Abschluss führt. In IAS 40.31 wird ausdrücklich darauf hingewiesen, dass ein Wechsel vom Modell des beizulegenden Zeitwerts zum Anschaffungskostenmodell höchstwahrscheinlich zu keiner sachgerechteren Darstellung führt.

Entscheidet sich ein Unternehmen für das Anschaffungskostenmodell, so müssen **alle** Anlageimmobilien nach IAS 16.30 **zu fortgeführten Anschaffungs- oder Herstellungskosten**, d.h. zu Anschaffungs- oder Herstellungskosten abzüglich der kumulierten Abschreibungen und kumulierten Wertminderungsaufwendungen, bewertet werden. Die Anschaffungs- oder Herstellungskosten bilden die **Wertobergrenze**. Sie sind auch dann anzusetzen, wenn die Marktwerte der Anlageimmobilien zum Bilanzstichtag deutlich höher sind.

Bei Anwendung des Anschaffungskostenmodells muss der Bilanzierende gemäß IAS 40.32 **zusätzlich** die **beizulegenden Zeitwerte** seiner Anlageimmobilie ermitteln und im Anhang gemäß IAS 40.79 Buchstabe (e) angeben. Dadurch wird klar, dass das IASB eindeutig die Bewertung zum beizulegenden Zeitwert favorisiert, da umgekehrt bei Anwendung des Modells des beizulegenden Zeitwertes die fortgeführten Anschaffungs- oder Herstellungskosten im Anhang **nicht mitgeteilt** werden müssen (IAS 40.76).

Beim Modell des beizulegenden Zeitwertes gemäß IAS 40.33 bis IAS 40.55 handelt es sich um eine erfolgswirksame Folgebewertung zum beizulegenden Zeitwert. Im Unterschied zum Neubewertungsmodell gemäß IAS 16.31 ist diese Folgebewertung gemäß IAS 40.35 in jeder Hinsicht erfolgswirksam.

Werterhöhungen auch **über** die fortgeführten Anschaffungs- oder Herstellungskosten hinaus sind in der GuV zu erfassen. Damit kann es nach den IFRS zu einem bilanziellen **Ausweis nicht realisierter Gewinne** kommen, was mit dem **Vorsichtsprinzip des HGB** unvereinbar ist. Der Bilanzierende, der sich für die Folgebewertung zum beizulegenden Zeitwert entscheidet, muss gemäß IAS 40.33 **alle** als Finanzinvestition gehaltenen Immobilien mit Ausnahme der in IAS 40.53 genannten Fälle mit dem beizulegendem Zeitwert bewerten.

Eine Bewertung der Anlageimmobilien zum beizulegendem Zeitwert hat gemäß IAS 40.38 zu jedem **Bilanzstichtag** zu erfolgen. Aufgrund der **jährlichen** Neubewertung sind planmäßige und außerplanmäßige Abschreibungen überflüssig und gemäß IAS 36.2 Buchstabe (f) **nicht vorzunehmen**, da die zu jedem Bilanzstichtag ermittelten Zeitwerte das Alter und den Zustand der Anlageimmobilien widerspiegeln.

Fall 51

Die B-AG erwirbt am 01.01.01 ein Bürogebäude zum Zwecke der Fremdvermietung. Der Kaufpreis dieser Anlageimmobilie beträgt einschließlich aller Anschaffungsnebenkosten 1.800.000 €. Die erwartete Nutzungsdauer der Anlageimmobilie wird mit 50 Jahren veranschlagt. Die Bewertung dieser Renditeliegenschaft soll zum beizulegenden Zeitwert erfolgen. Praktikantin Susi Oberschlau bucht zum 31.12.01 eine planmäßige Gebäudeabschreibung i.H.v. 2 % der Anschaffungskosten. Da zum 31.12.01 der Marktwert des Bürogebäudes 2.000.000 € beträgt, nimmt Susi Oberschlau insgesamtfolgende Buchungen vor:

Planmäßige Gebäudeabschreibung	36.000	an	Bürogebäude	36.000
Bürogebäude	236.000	an	andere Erträge	236.000

Sind diese Buchungen bei Anwendung des Modells des beizulegenden Zeitwerts richtig?

Nein! Werden Renditeliegenschaften nach dem Modell des beizulegenden Zeitwerts gemäß IAS 40.33 bis IAS 40.55 bilanziert, so sind aufgrund der jährlichen Neubewertung planmäßige Abschreibungen überflüssig. Die richtige Buchung zum 31.12.01 lautet:

Bürogebäude	200.000	an	andere Erträge	200.000

Die Bestimmung des beizulegenden Zeitwerts richtet sich nach den detaillierten Vorschriften gemäß IAS 40.36 ff. Gemäß IAS 40.36 und IAS 40.38 entspricht in der Regel der **Marktwert am Bilanzstichtag** (nicht vorher und nicht nachher) dem beizulegenden Zeitwert einer Anlageimmobilie. Setzt man für einen **aktiven Markt** den **Handel mit homogenen Gütern** voraus, so dürfte dieser für Anlageimmobilien **kaum** vorhanden sein, da sich die Renditeliegenschaften nach **Alter, Lage, Größe** oder **Ausstattung** deutlich unterscheiden. Sind Marktwerte nicht verfügbar, müssen die Zeitwerte der Anlageimmobilien hilfsweise nach IAS 40.46 Buchstabe (a) bis (c) ermittelt werden. Demzufolge soll eine eigenständige Marktwertbestimmung mit Hilfe eines **Vergleichswertverfahrens** (= Analyse der Verkaufspreise von Immobilien, die dem Bewertungsobjekt ähneln) oder eines **Ertragswertverfahrens** (= Diskontierung aller aus der Anlageimmobilie resultierenden künftigen Einzahlungsüberschüsse auf den Bewertungszeitpunkt) erfolgen. Die Inanspruchnahme externer, unabhängiger Gutachter ist gemäß IAS 40.32 für das bilanzierende Unternehmen **nicht** verpflichtend.

In den seltenen Fällen, in denen der beizulegende Zeitwert einer Anlageimmobilie **nicht verlässlich** ermittelt werden kann, muss gemäß IAS 40.53 das Unternehmen die Anlageimmobilie ab sofort und bis zu ihrem Abgang nach dem **Anschaffungskostenmodell des IAS 16** bewerten.

Übersicht 10 fasst noch einmal den Regelungsinhalt des IAS 40 kurz zusammen.

Übersicht 10: Immobilien

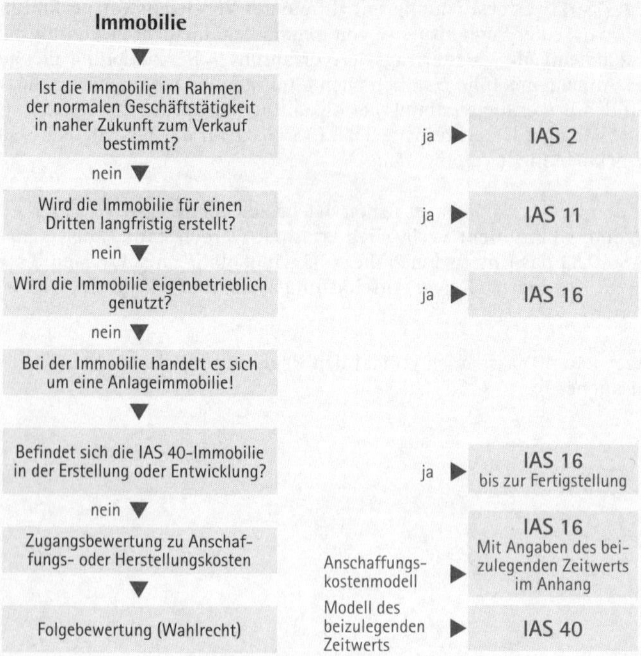

Gemäß IAS 40.66 darf eine Renditeimmobilie nicht mehr in der Bilanz angesetzt werden, wenn sie abgeht oder wenn sie dauerhaft nicht mehr genutzt werden soll und ein zukünftiger wirtschaftlicher Nutzen aus ihrem Abgang nicht mehr erwartet wird. Differenzen, die sich bei der Stilllegung oder dem Abgang zwischen dem Buchwert und dem Nettoveräußerungserlös ergeben, sind sowohl bei Anwendung des Anschaffungskostenmodells als auch bei Anwendung des Modells des beizulegenden Zeitwerts gemäß IAS 40.69 erfolgswirksam in der GuV zu erfassen.

Leitsatz 15

Als Finanzinvestition gehaltene Immobilien

Bei den als **Finanzinvestition gehaltenen Immobilien** (= Anlageimmobilien, Anlageliegenschaften oder Renditeliegenschaften) handelt es sich um Grundstücke und/oder Gebäude oder Gebäudeteile, die der **Kapitalanlage** dienen.

Die **Zugangsbewertung** erfolgt zu Anschaffungs- oder Herstellungskosten, wobei Transaktionskosten in die erstmalige Bewertung mit einzubeziehen sind. (IAS 40.20)

Bei der **Folgebewertung** von Anlageimmobilien besteht nach IAS 40.30 ein **Wahlrecht** zwischen dem Anschaffungskostenmodell (= Bewertung mit den fortgeführten Anschaffungs- oder Herstellungskosten) und dem Modell des beizulegenden Zeitwerts (= Bewertung mit dem beizulegenden Zeitwert). Erfolgt eine Bewertung zum beizulegenden Zeitwert, sind Wertänderungen stets **erfolgswirksam** zu buchen (IAS 40.35). Daher kann es in den IFRS zu einem bilanziellen Ausweis **nicht realisierter** Gewinne kommen. Wegen der Pflicht zur **jährlichen Neubewertung** entfallen damit die planmäßigen und außerplanmäßigen Abschreibungen.

3 Immaterielle Vermögenswerte (IAS 38)

Durch den stetigen Wandel von der Industrie- zur Dienstleistungsgesellschaft nehmen immaterielle Vermögenswerte des Anlagevermögens einen immer größeren Anteil am Gesamtvermögen von Unternehmen ein. Gerade im Hochtechnologiebereich stellen immaterielle Vermögenswerte wie beispielsweise Patente, Markennamen, Drucktitel, Verlagsrechte, Lizenzen, Urheberrechte, Internetauftritte oder Computersoftware bedeutende Werttreiber dar, die nach einer angemessenen Darstellung in der externen Rechnungslegung verlangen.

IAS 38 regelt den Ansatz, die Bewertung, die Anhangsangaben und den Ausweis **erworbener** oder **selbst erstellter immaterieller Vermögenswerte** des **Anlagevermögens**. Für immaterielle Vermögenswerte des Umlaufvermögens gilt IAS 2 (Vorräte) oder IAS 11 (Fertigungsaufträge).

Weiterhin fällt auch der **derivative Geschäfts- oder Firmenwert** nicht unter den Anwendungsbereich des IAS 38. Er ist gemäß IAS 38.3 Buchstabe (f) nach den Vorschriften des IFRS 3 (Unternehmenszusammenschlüsse) zu behandeln.

Fall 52

Das nach IFRS bilanzierende Pharmaunternehmen Z-AG hat die alleinigen Patentrechte an einer Software erworben, die den Produktionsablauf im Unternehmen erheblich rationalisieren soll. Exakte Berechnungen haben ergeben, dass sich bei Einsatz der neuen Software die Produktionskosten um 15% senken lassen. Buchhalter Findig möchte die Ausgaben für das Patent i.H.v. 1 Mio. € aktivieren. Darf er das?

Das Problem einer immateriellen Ressource liegt in seiner nur schwer nachweisbaren Werthaltigkeit. Um nicht der Bilanzierung „reiner Luftnummern" Tür und Tor zu öffnen, sind in IAS 38 für immaterielle Vermögenswerte **spezielle Definitionskriterien** vorgesehen. Gemäß IAS 38.8 ist ein immaterieller Vermögenswert ein **identifizierbarer**, **nicht monetärer** Vermögenswert **ohne** (wesentliche) **physische Substanz**. Er muss sich gemäß IAS 38.10 in der **Verfügungsmacht** des Unternehmens befinden und einen **künftigen wirtschaftlichen Nutzen** verkörpern.

Das Merkmal der **Identifizierbarkeit** liegt nach IAS 38.11 bis IAS 38.12 vor, wenn sich der immaterielle Vermögenswert **eindeutig** vom derivativen Geschäfts- oder Firmenwert unterscheidet, d.h. separieren lässt. **Separierbarkeit** bedeutet die Fähigkeit, den immateriellen Vermögenswert **unabhängig** vom derivativen Geschäfts- oder Firmenwert oder anderen Vermögenswerten einzeln zu verwerten, also zu veräußern, zu tauschen oder zu vermieten. Die Separierbarkeit ist gemäß IAS 38.12 **keine notwendige Voraussetzung** für die Identifizierbarkeit, sofern das Unternehmen in der Lage ist, den Vermögenswert auf eine andere Weise **abzugrenzen**. Dies ist beispielsweise bei der Übertragung gesetzlicher Besitz- und/oder Schutzrechte im Rahmen eines Unternehmenserwerbs nach IFRS 3 sehr gut möglich.

Die **Verfügungsmacht** über einen immateriellen Vermögenswert besteht gemäß IAS 38.13 bis IAS 38.16 dann, wenn dem Unternehmen der wirtschaftliche Nutzen aus der Ressource zufließt und es Dritte rechtlich und / oder faktisch von der Nutzung ausschließen kann. Somit erfüllt beispielsweise eine hohe fachliche Qualifikation der Mitarbeiter **nicht** die Ansatzvoraussetzungen eines immateriellen Vermögenswerts, da Mitarbeiter jederzeit kündigen können.

Das dritte Kriterium, der **künftige wirtschaftliche Nutzen**, kann gemäß IAS 38.17 in der Erzielung von Erlösen aus dem Verkauf von Produkten, der Erbringung von Dienstleistungen, Kosteneinsparungen oder in anderen Vorteilen liegen, die sich für das Unternehmen aus der Eigenverwendung des Vermögenswertes ergeben.

Zurück zu Fall 52

Das von der Z-AG erworbene Patent lässt sich eindeutig von anderen Vermögenswerten unterscheiden, d.h. es ist identifizierbar. Die Z-AG verfügt auch über die Kontrolle, da nur ihr der wirtschaftliche Nutzen aus dem Patent zufließt und sie Dritte rechtlich von der Nutzung ausschließen kann. Der künftige wirtschaftliche Nutzen liegt in den Kosteneinsparungen bei der Z-AG. Die spezifischen Definitionskriterien eines immateriellen Vermögenswerts sind somit erfüllt.

„Prima!“, freut sich Findig. „Dann kann ich ja das Patent aktivieren.“

> Abwarten! Die **Aktivierung** einer immateriellen Ressource kann nur dann erfolgen, wenn neben den besonderen Definitionskriterien eines immateriellen Vermögenswertes auch noch die Ansatzvoraussetzungen gemäß IAS 38.21 kumulativ erfüllt sind (IAS 38.18).

Gemäß IAS 38.21 ist ein immaterieller Vermögenswert nur dann anzusetzen, wenn es

a) **wahrscheinlich** ist, dass dem Unternehmen künftig ein wirtschaftlicher Nutzen aus dem Vermögenswert zufließen wird und

b) die Anschaffungs- oder Herstellungskosten **verlässlich** ermittelt werden können.

Der **wahrscheinliche künftige Nutzenzufluss** muss genau **diesem** immateriellen Vermögenswert zurechenbar sein.

F. 83 fordert dagegen nur, dass der Nutzen mit dem Vermögenswert **verknüpft** sein muss. Ob damit tatsächlich eine restriktivere Aktivierungsvoraussetzung als nach F. 83 geschaffen wird, erscheint fraglich, da nach IAS 38.60 auch die Aktivierung von immateriellen Vermögenswerten zulässig ist, die Cashflows nur im Zusammenhang mit anderen Vermögenswerten erzeugen. Grundsätzlich hat das Unternehmen die **Wahrscheinlichkeit** des künftigen Nutzenzuflusses gemäß IAS 38.22 anhand vernünftiger und begründeter Annahmen zu beurteilen. Weiterhin müssen die Anschaffungs- oder Herstellungskosten zuverlässig zu ermitteln sein, was bei einem entgeltlichen Erwerb sicherlich unproblematisch ist.

Weiter mit Fall 52

„Damit steht der Aktivierung des entgeltlich erworbenen Patents nichts mehr im Weg", frohlockt Findig.

Er frohlockt zu Recht, denn das Patent erfüllt die **speziellen Ansatzkriterien** gemäß IAS 38.21 bis IAS 38.23. Der künftige Nutzenzufluss durch die exakte Berechnung der Kosteneinsparung von 15 % ist wahrscheinlich und die Anschaffungskosten i.H.v. 1 Mio. € sind zuverlässig ermittelbar.

Fall 53

Ermuntert durch diesen Erfolg will Findig in der diesjährigen Bilanz zum 31.12.01 die in der Abteilung Forschung und Entwicklung angefallenen Ausgaben für eine neue Diätpille aktivieren. Die der Diätpille zurechenbaren Ausgaben der Abteilung Forschung und Entwicklung i.H.v. 800.000 € werden in der Kosten- und Leistungsrechnung der Z-AG nicht weiter unterteilt.

> Im Gegensatz zum HGB verlangt IAS 38 unter bestimmten Voraussetzungen den Ansatz selbst erstellter immaterieller Vermögenswerte des Anlagevermögens (Aktivierungspflicht).

IAS 38.52 unterteilt den Erstellungsprozess eines immateriellen Vermögenswertes in eine **Forschungsphase** und in eine **Entwicklungsphase**.

Unter **Forschung** wird gemäß IAS 38.8 die eigenständige und planmäßige Suche mit der Aussicht, zu neuen wissenschaftlichen oder technischen Erkenntnissen zu gelangen, verstanden. Dazu gehören gemäß IAS 8.56 die Grundlagenforschung und die angewandte Forschung sowie die Suche nach Produkt- und Prozessalternativen. In IAS 38.55 wird unterstellt, dass während der Forschungsphase noch **kein** immaterieller Vermögenswert existiert, der in der Lage ist, einen voraussichtlich künftigen wirtschaftlichen Nutzen zu erzeugen. Daher ist die **Aktivierung von Forschungsausgaben** gemäß IAS 38.54 **verboten**.

Unter **Entwicklung** wird in IAS 38.8 die Umsetzung des in der Forschungsphase erlangten Wissens bei der Produktherstellung beziehungsweise Produktverbesserung verstanden. Dazu zählen gemäß IAS 38.59 beispielsweise der Entwurf und die Konstruktion von Prototypen und Modellen, Werkzeugen, Formen sowie das Testen neuer Materialien und Produkte. **Entwicklungskosten** selbst geschaffener immaterieller Vermögenswerte sind **zwingend** dann zu **aktivieren**, wenn das Unternehmen folgende **sechs postenspezifische Nachweise** gemäß IAS 38.57 Buchstaben a) bis f) **kumulativ** erbringen kann:

a) die technische Machbarkeit der Fertigstellung des immateriellen Vermögenswertes, damit er zur internen Nutzung verwendbar oder zum Verkauf zur Verfügung stehen wird,

b) die Absicht, dies zu tun,

c) die Fähigkeit, den immateriellen Vermögenswert zu nutzen oder zu verkaufen,

d) die Art und Weise, wie der immaterielle Vermögenswert einen voraussichtlichen künftigen wirtschaftlichen Nutzen stiften wird. Dazu gehört der Nachweis eines Marktes für den Vermögenswert selbst oder die mit ihm zu erstellenden Leistungen beziehungsweise sein allgemeiner Nutzen bei der unternehmensinternen Verwendung,

e) die Verfügbarkeit adäquater technischer, finanzieller und sonstiger Ressourcen, um die Entwicklung zum Abschluss und zur Einsatzbereitschaft zu bringen und

f) die zuverlässige Ermittlung der zurechenbaren Ausgaben während der Entwicklungszeit.

Nun aber wieder zu Fall 53

Leider hat Findig das Pech, dass die Abteilung Kosten- und Leistungsrechnung bisher nicht in der Lage ist, die Forschungskosten klar von den Entwicklungskosten zu trennen. Die Forschungsausgaben hätten zwar nicht aktiviert werden dürfen; sofern jedoch die Entwicklungsausgaben gemäß IAS 38.57 Buchstabe (f) verlässlich ermittelbar gewesen wären und auch die anderen in IAS 38.57 geforderten Nachweise vorgelegen hätten, wäre eine Aktivierung dieser Ausgaben sogar zwingend notwendig gewesen. Beachten Sie auch IAS 38.53.

Die Aktivierung von Entwicklungsausgaben beginnt periodengenau, d.h. erst mit dem Zeitpunkt der Erbringung der Nachweise, die in IAS 38.57 gefordert werden. Die vor dem Beginn des Entwicklungszeitraumes angefallenen Ausgaben dürfen gemäß IAS 38.71 **nicht nachaktiviert** werden.

Fall 54

Das aufstrebende Biotechnologieunternehmen Greenlife AG, das nach IFRS bilanziert, möchte aus Gründen der Imagepflege seinen Internetauftritt verbessern und lässt dafür in seiner eigenen IT-Abteilung eine neue Website entwickeln. Die für die Entwicklung der Website angefallenen Ausgaben belaufen sich auf 30.000 €. Müssen diese Ausgaben aktiviert werden?

Es kommt darauf an! Gemäß SIC-32.7 handelt es sich bei einer unternehmenseigenen Website, der eine Entwicklung vorausgegangen ist, um einen selbst geschaffenen immateriellen Vermögenswert, der nach IAS 38 zu behandeln ist. Die Website ist jedoch nur dann als immaterieller Vermögenswert zu erfassen, wenn die Ansatzvoraussetzungen gemäß IAS 38.21 vorliegen und die speziellen postenspezifischen Nachweise gemäß IAS 38.57 – insbesondere der Nachweis eines künftigen wirtschaftlichen Nutzens gemäß IAS 38.57 Buchstabe (d) – erbracht werden können. Ein künftiger wirtschaftlicher Nutzen liegt beispielsweise in der Erwirtschaftung von **Erträgen**, die direkt durch Onlinebestellungen ermöglicht werden. Kann das Unternehmen den künftigen wirtschaftlichen Nutzen **nicht** nachweisen, dann sind die Ausgaben für die Website gemäß SIC-32.8 als Aufwand zu erfassen. Da die Greenlife AG keinen Nachweis eines künftigen wirtschaftlichen Nutzens gemäß IAS 38.57 Buchstabe (d) **konkret** erbringen kann, weil die Ausgaben lediglich der Imagepflege dienen und damit mit Werbemaßnahmen oder Maßnahmen der Verkaufsförderung zu vergleichen sind, dürfen die Ausgaben der neuen Website nicht aktiviert werden. Sie sind als Aufwand der laufenden Periode zu buchen.

Aktivierungsverbote gelten gemäß IAS 38.63 für selbst geschaffene Markennamen, Drucktitel, Verlagsrechte, Kundenlisten sowie ihrem Wesen nach ähnliche Sachverhalte.

Ebenso darf gemäß IAS 38.48 ein selbst **geschaffener Geschäfts- oder Firmenwert** nicht aktiviert werden.

Weiterhin dürfen gemäß IAS 38.69 beispielsweise Ausgaben für Aus- und Weiterbildungsmaßnahmen, Werbekampagnen, Maß-nahmen der Verkaufsförderung oder Ausgaben für die Verlegung oder Reorganisation von Unternehmensteilen oder des gesamten Unternehmens nicht aktiviert werden.

Die Übersicht 11 gibt noch einmal einen Überblick über die Prüffolge für den Ansatz eines immateriellen Vermögenswertes.

Übersicht 11: Ansatzvoraussetzungen für einen immateriellen Vermögenswert

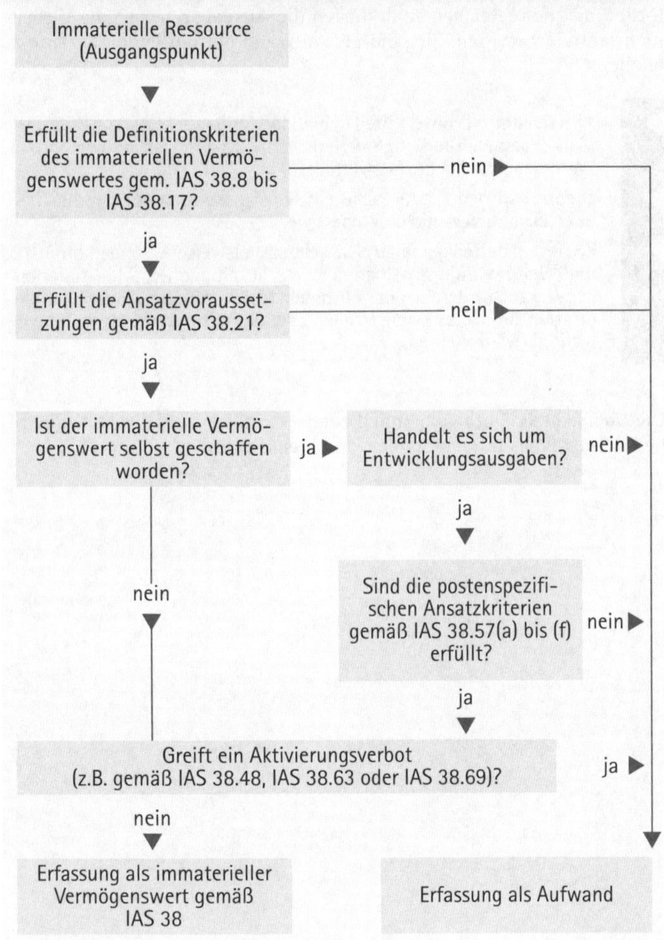

Fall 55

Die nach IFRS bilanzierende Bio-Future GmbH ist ab dem 31.07.01 im Besitz eines Patentes für ein im gleichen Jahr selbst entwickeltes Spezialverfahren zur Umwandlung von Klärschlamm in Düngemittel, das bereits ab dem 01.11.01 im eigenen Unternehmen eingesetzt werden soll. Aufgrund plötzlich auftretender technischer Mängel kann die Nutzung des Patents aber erst im Januar 02 beginnen. Die Patentlaufzeit beträgt zehn Jahre. In 01 sind im Zusammenhang mit dem Patent folgende Nettoausgaben angefallen: Entwicklungsausgaben 3.000.000 €, Patentzulassung beim Patentamt München 20.000 €, Kosten für den Patentanwalt 30.000 €, Ausgaben für einen nur mit der Entwicklung des Patentes beschäftigten externen Verfahrenstechniker i.H.v. 50.000 € sowie Ausgaben für die Schulung im Umgang mit dem Spezialverfahren 25.000 €. Wie lauten die Herstellungskosten des Patentes?

Die **Zugangsbewertung** immaterieller Vermögenswerte erfolgt gemäß IAS 38.24 zu Anschaffungs- oder Herstellungskosten. Dabei ist zu unterscheiden, ob es sich um einen **Einzelerwerb** beziehungsweise um eine **Einzelerstellung** oder um einen Erwerb im Rahmen eines **Unternehmenskaufes** gemäß IFRS 3 handelt. Bei einem Einzelerwerb sind neben dem **Kaufpreis** auch alle **Anschaffungsnebenkosten**, die dem Vermögenswert direkt zurechenbar und die mit seiner Inbetriebnahme verbunden sind, anzusetzen. Kaufpreisminderungen sind gemäß IAS 38.27 Buchstabe (a) abzuziehen. Die Herstellungskosten eines selbst geschaffenen immateriellen Vermögenswertes umfassen gemäß IAS 38.66 alle Ausgaben, die der Schaffung, Herstellung und Vorbereitung des Vermögenswertes auf seinen beabsichtigten Gebrauch **direkt** (= **Einzelkosten**) zugerechnet oder auf vernünftiger und stetiger Basis indirekt (= **produktionsbezogene Gemeinkosten**) zugeordnet werden können. **Nicht** zu den Herstellungskosten eines selbst geschaffenen immateriellen Vermögenswertes gehören beispielsweise die in IAS 38.67 genannten Vertriebs- und Verwaltungsgemeinkosten, anfängliche Betriebsverluste, die auftreten, bevor ein Vermögenswert seine geplante Ertragskraft erreicht hat, sowie Ausgaben für die Schulung von Mitarbeitern im Umgang mit dem Vermögenswert.

> Nach IAS 38.65 sind Herstellungskosten **periodengenau** zu aktivieren, d.h. erst ab dem Zeitpunkt, zu dem der immaterielle Vermögenswert die in IAS 38.21 bis 38.22 und IAS 38.57 beschriebenen Ansatzkriterien **erstmalig** erfüllt.

Zurück zu Fall 55

Die Herstellungskosten des von der Bio-Future GmbH selbst erstellten und zur Eigennutzung vorgesehenen Patentes betragen 3.100.000 €. Bis auf die Ausgaben für die Mitarbeiterschulung, für die – wie sie oben gelesen haben – ein Aktivierungsverbot besteht, sind alle anderen Ausgaben, die dem Patent **direkt** zurechenbar sind, **aktivierungspflichtig**.

Die im Rahmen eines Unternehmenserwerbs angeschafften, identifizierbaren immateriellen Vermögenswerte sind mit ihrem beizulegenden Zeitwert, der möglichst dem Marktwert auf einem aktiven Markt entsprechen sollte, anzusetzen (IAS 38.33). Existiert kein aktiver Markt, dann ist der beizulegende Zeitwert nach den Vorschriften gemäß IAS 38.39 bis 38.40 zu schätzen. Ist ein separater Ansatz auf Grund fehlender Identifizierbarkeit ausgeschlossen, sind die anteiligen Anschaffungskosten in den derivativen Geschäfts- oder Firmenwert mit einzubeziehen (IAS 38.68 Buchstabe (b)).

> Ausgaben, die nicht Teil der Anschaffungs- oder Herstellungskosten immaterieller Vermögenswerte sind, **müssen** gemäß IAS 38.68 als **Aufwand der Periode** erfasst werden, in der sie anfallen. Als Aufwand zu erfassen sind gemäß IAS 38.69 weiterhin auch Ausgaben, die zwar einen künftigen wirtschaftlichen Nutzen erzielen sollen, aber dabei keinen ansatzfähigen immateriellen oder sonstigen Vermögenswert bewirken.

Dazu gehören beispielsweise Ausgaben für die Gründung und den Anlauf eines Geschäftsbetriebes (= **Gründungs- und Anlaufkosten**), wenn diese Ausgaben nicht in den Anschaffungs- oder Herstellungskosten eines Gegenstandes der Sachanlagen gemäß IAS 16 enthalten sind.

Fall 56

Das Patent der Bio-Future GmbH soll erst einmal nach dem Anschaffungskostenmodell linear abgeschrieben werden. Eventuell ist für später ein Wechsel zur Bewertung mit dem beizulegenden Zeitwert vorgesehen. Ist ein solcher Wechsel zulässig?

Die **Folgebewertung** kann gemäß IAS 38.72 nach dem Anschaffungskostenmodell (IAS 38.74) oder nach dem Neubewertungsmodell (IAS 38.75) erfolgen (Wahlrecht). Nach dem Anschaffungskostenmodell sind immaterielle Vermögenswerte mit ihren Anschaffungs- oder Herstellungskosten abzüglich aller kumulierten Abschreibungen und aller kumulierten Wertminderungsaufwendungen anzusetzen. Das Neubewertungsmodell, das eine Neubewertung zum beizulegenden Zeitwert erlaubt, fordert die Ermittlung des Neubewertungsbetrages auf der Basis eines aktiven Marktes (IAS 38.75). Nach IAS 38.8 liegt ein aktiver Markt vor, wenn nachfolgende Voraussetzungen kumulativ erfüllt sind:

a) die auf dem Markt gehandelten Produkte sind homogen,

b) vertragswillige Käufer und Verkäufer können in der Regel jederzeit gefunden werden und

c) die Preise stehen der Öffentlichkeit (beispielsweise über Börsenzeitungen) zur Verfügung.

Normalerweise existieren gemäß IAS 38.78 für immaterielle Vermögenswerte im Sinne des IAS 38 kaum aktive Märkte (sehr wohl aber für solche nach IAS 39), da beispielsweise Markennamen, Zeitungsimpressi, Musik- und Filmverlagsrechte, Patente oder Warenzeichen **einzigartig** sind. Ausnahmen hiervon bestehen gemäß IAS 38.78 für frei übertragbare Taxilizenzen, Fischereilizenzen, Produktionsquoten und Verschmutzungszertifikate.

Nun wieder zu Fall 56

Grundsätzlich ist ein Wechsel vom Anschaffungskostenmodell zum Neubewertungsmodell und damit zu einer Bewertung zum beizulegenden Zeitwert nicht ausgeschlossen. In diesem Fall wird eine Bewertung zum beizulegenden Zeitwert jedoch nicht möglich sein, da hier wohl von einem immateriellen Vermögenswert ausgegangen werden muss, für den gemäß IAS 38.8 **kein** aktiver Markt besteht. Somit ist eine Bewertung zum beizulegenden Zeitwert gemäß IAS 38.75 nicht erlaubt.

Durch das Fehlen aktiver Märkte ist die Anwendung des Neubewertungsmodells stark eingeschränkt und hat für die Praxis wenig Bedeutung. Daher wird im Folgenden in Bezug auf den **Abschreibungszeitraum**, die **Abschreibungsmethode** und das **Abschreibungsvolumen** nur noch auf das Anschaffungskostenmodell eingegangen.

Immaterielle Vermögenswerte mit begrenzter **Nutzungsdauer** sind gemäß IAS 38.89 und IAS 38.97 planmäßig über ihre bestmöglich geschätzte Nutzungsdauer abzuschreiben, wobei die planmäßige Abschreibung zum Zeitpunkt der Betriebsbereitschaft beginnt. Bei Vermögenswerten, die einem rasanten Technologiewandel unterliegen (wie beispielsweise Computersoftware), ist gemäß IAS 38.92 von der Wahrscheinlichkeit einer kurzen Nutzungsdauer auszugehen. Bei immateriellen Vermögenswerten, die sich aus einem Rechtsanspruch ableiten, entspricht die Nutzungsdauer gemäß IAS 38.94 der Geltungsdauer des Rechtsanspruchs, es sei denn, dass die Rechtsansprüche erneuerbar und die Erneuerung so gut wie sicher ist.

Die Abschreibungsmethode muss gemäß IAS 38.97 den Verlauf der erwarteten Nutzenabgabe durch den immateriellen Vermögenswert widerspiegeln. Neben der linearen Abschreibungsmethode sind auch noch die degressive Abschreibung und die leistungsabhängige Abschreibung gemäß IAS 38.98 gestattet. Kann der Verlauf der erwarteten Nutzenabgabe nicht zuverlässig bestimmt werden, ist gemäß IAS 38.97 die lineare Abschreibungsmethode anzuwenden.

Das **Abschreibungsvolumen** ergibt sich normalerweise aus der Differenz der Anschaffung- oder Herstellungskosten zum erwarteten Restwert. Gemäß IAS 38.100 ist aber bei immateriellen Vermögenswerten von einem Restwert von **Null** auszugehen, es sei denn, dass eine Verpflichtung seitens eines Dritten besteht, den Vermögenswert am Ende seiner Nutzungsdauer zu erwerben oder der Restwert des Vermögenswertes am Ende seiner Nutzungsdauer auf einem aktiven Markt ermittelt werden kann.

Fall 57

Nachdem Sie bereits so gut die Herstellungskosten des Patentes der Bio-Future GmbH aus **Fall 55** berechnet haben, wird es Ihnen sicherlich nicht schwer fallen, den Buchwert des Patentes zum Bilanzstichtag 31.12.01 zu berechnen. Wie lautet er?

Richtig! Der Buchwert beträgt 3.100.000 €, denn da das Patent erst ab Januar 02 genutzt werden kann, beginnt die Abschreibung gemäß IAS 38.97 auch erst zu diesem Zeitpunkt.

Abschreibungszeiträume und Abschreibungsmethoden abnutzbarer immaterieller Vermögenswerte müssen gemäß IAS 38.104 mindestens

jährlich überprüft werden und sind bei **signifikanten** Abweichungen zu ändern, wobei derartige Änderungen von Schätzungen gemäß IAS 8 (Bilanzierungs- und Bewertungsmethoden, Änderungen von Schätzungen und Fehler) behandelt und im Abschluss angegeben werden müssen. Nicht abnutzbare immaterielle Vermögenswerte müssen gemäß IAS 36 einem jährlichen Wertminderungstest unterzogen werden (IAS 38.108).

Fall 58

Zu Beginn des Jahres 03 hat ein Konkurrenzunternehmen der Bio-Future GmbH ein neues, effizienteres Umwandlungsverfahren von Klärschlamm in Düngemittel auf den Markt gebracht. Dadurch sind die Erlöse der Bio-Future GmbH im Jahr 03 um 15% gesunken. Der erzielbare Betrag des Patentes beträgt zum 31.12.03 nur noch 1.500.000 €. Um den Jahreserfolg nicht noch mehr zu belasten, möchte Buchhalter Oberschlau **keine** außerplanmäßige Abschreibung vornehmen. Darf er aufgrund der verschlechterten Erlössituation auf die außerplanmäßige Abschreibung verzichten?

Nein! Nach IAS 38.111 **müssen außerplanmäßige Abschreibungen** gemäß IAS 36 erfasst werden. Danach ist zum Bilanzstichtag 31.12.03 eine außerplanmäßige Abschreibung i.H.v. 980.000 € vorzunehmen:

	Buchwert 31.12.01	3.100.000
./.	planmäßige Abschreibung 02	310.000
./.	planmäßige Abschreibung 03	310.000
=	vorläufiger Buchwert 31.12.03	2.480.000
./.	außerplanmäßige Abschreibung	980.000
=	Buchwert 31.12.03	1.500.000

Leitsatz 16

Immaterielle Vermögenswerte (IAS 38)

IAS 38 regelt die Bilanzierung erworbener und selbst erstellter immaterieller Vermögenswerte des Anlagevermögens. Bei einem immateriellen Vermögenswert handelt es sich um einen identifizierbaren, nicht monetären Vermögenswert ohne (wesentliche) physische Substanz. Er muss sich in der Verfügungsmacht des Unternehmens befinden und einen künftigen wirtschaftlichen Nutzen beinhalten.

Ein Bilanzansatz ist zwingend, soweit die speziellen Definitionskriterien eines immateriellen Vermögenswertes und die Ansatzvoraussetzungen gemäß IAS 38.21 vorliegen. Bei selbst erstellten immateriellen Vermögenswerten sind zusätzlich die postenspezifischen Ansatzkriterien gemäß IAS 38.57 zu erfüllen. Zu beachten sind weiterhin die expliziten Bilanzierungsverbote gemäß IAS 38.48, IAS 38.63 oder IAS 38.69.

Die **Zugangsbewertung** erfolgt zu Anschaffungs- oder Herstellungskosten (IAS 38.24). Im Rahmen der **Folgebewertung** kann zwischen dem Anschaffungskostenmodell und dem Neubewertungsmodell gewählt werden (IAS 38.72). Das Neubewertungsmodell ist allerdings aufgrund des Erfordernisses eines aktiven Marktes in der Praxis nur eingeschränkt anwendbar.

Der Restwert eines immateriellen Vermögenswertes ist im Normalfall mit Null anzusetzen. **Außerplanmäßige Abschreibungen** erfolgen nach IAS 36. Nicht abnutzbare immaterielle Vermögenswerte müssen jährlich einem **Niederstwerttest** nach IAS 36 unterzogen werden.

4 Vorräte (IAS 2)

Fall 59

„Zu den langfristigen Vermögenswerten wurde ja nun schon einiges vom Stapel gelassen, aber was ist mit den kurzfristigen Vermögenswerten?“, quengelt X wieder einmal. „Wie ich in Lektion 2 gelesen habe, besteht gemäß IAS 1.54 Buchstabe (g) und (h) auch eine Ausweispflicht für Vorräte sowie für Forderungen aus Lieferungen und Leistungen und sonstige Forderungen. Wie sind denn nun diese Vermögenswerte nach IFRS zu behandeln?“

Bei Forderungen aus Lieferungen und Leistungen und sonstigen Forderungen handelt es sich um finanzielle Vermögenswerte. Diese werden nach IAS 32 (Finanzinstrumente: Darstellung), und IAS 39 (Finanzinstrumente: Ansatz und Bewertung) und IFRS 7 (Finanzinstrumente: Angeben) bilanziert und in Lektion 9 gesondert dargestellt. Die Bilanzierung der Vorräte erfolgt nach den Vorschriften des IAS 2. Ausgenommen von den Regelungen des IAS sind gemäß IAS 2.2 Buchstabe (a) unfertige Erzeugnisse im Rahmen von Fertigungsaufträgen einschließlich damit unmittelbar zusammenhängender Dienstleistungsverträge (siehe IAS 11: Fertigungsaufträge) sowie gemäß IAS 2.2 Buchstabe (b) die bereits oben erwähnten Finanzinstrumente. Weitere Ausnahmen enthalten die IAS 2.2 Buchstabe (c) und IAS 2.3. Vorräte sind gemäß IAS 2.6 Vermögenswerte, die

a) zum Verkauf im normalen Geschäftsgang gehalten werden (= Fertigerzeugnisse und Waren),

b) sich in der Herstellung für einen solchen Verkauf befinden (= unfertige Erzeugnisse und unfertige Leistungen) oder

c) als Roh-, Hilfs- und Betriebsstoffe dazu bestimmt sind, bei der Herstellung von Sachgütern oder der Erbringung von Dienstleistungen verbraucht zu werden.

Nach der Definition des IAS 2.6 können Vorräte auch begonnene Dienstleistungen, immaterielle Vermögenswerte oder Grundstücke und Gebäude sein (IAS 2.8). Im Gegensatz zum HGB gehören die dem Vorratsvermögen zuzuordnenden geleisteten Anzahlungen nicht zu den Vorräten. Diese werden innerhalb der kurzfristigen Vermögenswerte gesondert ausgewiesen.

Der Ansatz der Vorräte richtet sich gemäß F. 49 Buchstabe (a) und F. 83 nach den Definitions- und Ansatzkriterien des Rahmenkonzepts, weil IAS 2 keine besonderen Regeln enthält.

Im Gegensatz zum HGB besteht gemäß IAS 1.32 ein generelles Saldierungsverbot, soweit nicht die Saldierung von einem anderen Standard oder einer Interpretation gefordert oder erlaubt wird. Die Saldierung von erhaltenen Anzahlungen auf Vorräte mit Vorräten ist unzulässig. Erhaltene Anzahlungen müssen als kurzfristige Verbindlichkeiten ausgewiesen werden.

Gemäß IAS 2.9 sind Vorräte mit dem niedrigeren Wert aus Anschaffungs- oder Herstellungskosten und dem Nettoveräußerungswert anzusetzen. Damit gilt auch in den IFRS das Ihnen gut bekannte **strenge Niederstwertprinzip** (vgl. auch „Rechnungswesen – *leicht gemacht®*", Lektion 10). Die historischen Anschaffungs- oder Herstellungskosten stellen die Wertobergrenze dar. Eine Bewertung von Vorräten über die Anschaffungs- oder Herstellungskosten hinaus ist, wie im HGB, in den IFRS nicht zulässig. Die Zugangs- oder Erstbewertung der Vorräte erfolgt gemäß IAS 2.10 ff. mit den Anschaffungs- oder Herstellungskosten. Diese beiden Bewertungsmaßstäbe wurden bereits in Lektion 5 ausführlich dargestellt. Bitte noch einmal genau nachlesen!

Vorräte, die normalerweise **nicht austauschbar** sind, wie beispielsweise Oldtimer, Kunstgegenstände oder nach Kundenspezifikationen hergestellte Werkzeuge, sind gemäß IAS 2.23 **einzeln** zu bewerten. Handelt es sich bei den Vorräten aber um eine große Anzahl von Vermögenswerten, die untereinander **austauschbar** sind, wie beispielsweise Schrauben, Nägel oder Krampen, kann eine Einzelbewertung unpraktikabel sowie willkürlich sein und gegen den Grundsatz der Wirtschaftlichkeit gemäß F. 44 verstoßen. Daher können gemäß IAS 2.25 auch **Bewertungsvereinfachungsverfahren** angewandt werden.

Fall 60

„Klasse!", trompetet X. „Die kenne ich schon aus dem HGB. Also her mit Lifo, Fifo, Hifo, Lofo oder wie das Zeug sonst noch heißt! Ich werde meine Vorräte an Hirschhornknöpfen in der nächsten IFRS-Bilanz am besten nach der Lofo-Methode bewerten. Das wertet die Vermögensseite meiner Bilanz toll auf." Was können Sie X auf dieses Geschrei hin antworten?

Sicherlich könnte X mit dem Lofo-Verfahren *(Lowest in – first out)* seine Bilanz schönen, aber es ist weder nach dem HGB noch nach den IFRS erlaubt. Pech gehabt!

> Nach IAS 2.25 sind an Bewertungsvereinfachungsverfahren nur noch die **gewogene Durchschnittsmethode** und als einziges Verbrauchsfolgeverfahren das **Fifo-Verfahren** (*First in – first out*) gestattet.

Fall 61

X überlegt krampfhaft wie das mit den nach IFRS erlaubten Methoden, die er ja vorgibt aus dem HGB genau zu kennen, vonstatten geht. Aber wozu sich quälen. Er beauftragt lieber seinen Buchhalter Bruno Saldo mit der Ermittlung der Bilanzansätze der fremdbezogenen Hirschhornknopfvorräte. Der Anfangsbestand an Hirschhornknöpfen am 01.01.01 beträgt 1.000 Stück, die mit 1.000 € in der Eröffnungsbilanz ausgewiesen sind. Im März werden weitere 1.000 Stück à 1,20 €/Stück, im August 2.000 Stück à 1,50 €/Stück und im September 1.000 Stück à 1 €/Stück vom Lieferanten bezogen. Der Endbestand an Hirschhornknöpfen zum Bilanzstichtag 31.12.01 beträgt 1.500 Stück. Wie hoch sind die von Bruno Saldo ermittelten Bilanzansätze, wenn dieser nach Fifo oder der einfachen Durchschnittsbewertung vorgeht?

Der Bilanzansatz nach Fifo beträgt 1.750 €. Da beim Fifo-Verfahren unterstellt wird, dass die zuerst angeschafften Vorräte auch zuerst das Unternehmen verlassen, müssen zur Ermittlung des Bilanzansatzes nur die zuletzt erworbenen Vorräte zur Berechnung berücksichtigt werden:

September 01	1.000 Stück	à	1,00 €	=	1.000 €
August 01	500 Stück	à	1,50 €	=	750 €
Endbestand 31.12.01	1.500 Stück			=	1.750 €

Der Bilanzansatz nach der gewogenen (einfachen) Durchschnittsbewertung lautet 1.860 € und ermittelt sich wie folgt:

	Anfangsbestand 01	1.000 Stück	à	1,00 €	=	1.000 €
+	Zugang März	1.000 Stück	à	1,20 €	=	1.200 €
+	Zugang August	2.000 Stück	à	1,50 €	=	3.000 €
+	Zugang September	1.000 Stück	à	1,00 €	=	1.000 €
	Summe	5.000 Stück			=	6.200 €

Der am Ende der Periode (durch Division von 6.200 €/5.000 Stück) ermittelte Durchschnittspreis von 1,24 €/Stück muss nur noch mit dem Endbestand multipliziert werden (1,24 €/Stück × 1.500 Stück = 1.860 €).

Wendet ein Unternehmen Bewertungsvereinfachungsverfahren an, sind gleichartige Vorräte im Zeitablauf nach der gleichen Bewertungsmethode zu bewerten (= Stetigkeitsgebot, IAS 8.13). Bei Vorräten **unterschiedlicher** Beschaffenheit und Verwendung dürfen aber auch **verschiedene** Verfahren angewandt werden (IAS 2.25).

Bei der **Folgebewertung** von Vorräten ist gemäß IAS 2.9 das bereits oben erwähnte **strenge Niederstwertprinzip** zu beachten. Danach sind jene Vorräte, deren **Nettoveräußerungswert** am Abschlussstichtag **unter** die aktivierten Anschaffungs- oder Herstellungskosten gesunken ist, mit diesem **niedrigeren Wert** anzusetzen. Gemäß IAS 2.9 und IAS 2.34 ist eine **außerplanmäßige Abschreibung** auf den niedrigeren Nettoveräußerungswert vorzunehmen. Das strenge Niederstwertprinzip des IAS 2.9 beruht auf der Überlegung, Vorräte nicht oberhalb eines Wertes anzusetzen, der voraussichtlich bei ihrem Verkauf oder Verbrauch nicht mehr erzielt werden kann.

Gemäß IAS 2.6 ist der Nettoveräußerungswert der geschätzte, im normalen Geschäftsgang erzielbare Verkaufserlös abzüglich der geschätzten Kosten bis zur Fertigstellung (das sind die nach IFRS aktivierungspflichtigen Herstellungskosten) und der geschätzten notwendigen Vertriebskosten, wie beispielsweise Verpackungs-, Versand- oder Verkaufsprovisionskosten. Zur Ermittlung des Nettoveräußerungswertes ist darüber hinaus die abzuführende Umsatzsteuer abzuziehen, sofern vom Bruttopreis ausgegangen wird. Der Abzug einer branchenüblichen Gewinnspanne ist gemäß IAS 2.6 und IAS 2.28 ff. nicht zulässig.

> Für die Wertfindung der Nettoveräußerungswerte des gesamten Vorratsvermögens ist damit grundsätzlich der **Absatzmarkt** heranzuziehen (= retrogrades **Wertermittlungsverfahren**).

Eine außerplanmäßige Abschreibung auf den Nettoveräußerungswert ist gemäß IAS 2.28 beispielsweise dann erforderlich, wenn Vorräte beschädigt, ganz oder teilweise veraltet oder ihr Verkaufspreis gesunken ist oder wenn die geschätzten Kosten der Fertigstellung beziehungsweise die geschätzten bis zum Verkauf anfallenden Kosten gestiegen sind. **Werterhellende Tatsachen** nach dem Bilanzstichtag sind gemäß IAS 2.30 zu berücksichtigen.

Die Ermittlung des Nettoveräußerungswertes erfolgt weiterhin in **Abhängigkeit vom Zweck**, zu dem die Vorräte gehalten werden. So basiert gemäß IAS 2.31 der Nettoveräußerungswert der Vorräte, die zur Erfüllung abgeschlossener Liefer- und Leistungsverträge gehalten werden, auf den vertraglich vereinbarten Preisen. Für zum Verkauf bestimmte, aber noch nicht abgesetzte Vorräte, muss gemäß IAS 2.31 der Nettoveräußerungswert auf der Basis der allgemeinen Verkaufspreise geschätzt werden.

Fall 62

Die A&S GmbH fertigt zahnmedizinische Winkelstücke. Die zum Bilanzstichtag 31.12.01 ermittelten Herstellungskosten pro Winkelstück betragen 350 €. An Vertriebskosten fallen erfahrungsgemäß pro Winkelstück noch einmal 25 € an. Mit welchem Wert ist ein Winkelstück in der Bilanz anzusetzen, wenn der Netto-Absatzpreis im Fall a) 390 € und im Fall b) 370 € beträgt?

Im Fall a) ist das Winkelstück mit den Herstellungskosten i.H.v. 350 € zu bilanzieren, denn der Nettoveräußerungswert liegt mit 365 € (390 € ./. 25 €) **über** den Herstellungskosten. Im Fall b) liegt der Nettoveräußerungswert mit 345 € (370 € ./. 25 €) **unter** den Herstellungskosten. Eine außerplanmäßige Abschreibung i.H.v. 5 €/Winkelstück ist zwingend. Der Bilanzansatz erfolgt zum Nettoveräußerungswert i.H.v. 345 €/Stück.

Eine **Abwertung** von **Roh-, Hilfs- und Betriebsstoffen**, die naturgemäß ja nicht zur Veräußerung, sondern für die Herstellung von Vorräten bestimmt sind, darf **nicht erfolgen**, solange die Fertigerzeugnisse, in die sie eingehen, voraussichtlich zu den Herstellungskosten (so IAS 2.32; richtig wären unseres Erachtens die Selbstkosten) oder darüber verkauft werden können. Sofern aber Preisrückgänge für Roh-, Hilfs- und Betriebsstoffe darauf hindeuten, dass die Herstellungskosten der Fertigerzeugnisse über ihrem Nettoveräußerungswert liegen, sind diese Stoffe gemäß IAS 2.32 auf den Nettoveräußerungswert abzuwerten. Als beste Schätzung für den Nettoveräußerungswert der Roh-, Hilfs- und Betriebsstoffe gelten dann ihre Wiederbeschaffungskosten.

Fall 63

Die Gieß- und Sprieß GmbH produziert den hochwertigen Rasendünger „Evergreen“, der hauptsächlich aus dem zugekauften Rohstoff Phosphat besteht. Das Phosphat geht mit 1 kg in das Fertigprodukt ein. Der Einstandspreis je Kilo Phosphat betrug 5 €. Die noch bis zur Fertigstellung anfallenden Aufwendungen für das Endprodukt Rasendünger belaufen sich auf 6,50 €. Zum Bilanzstichtag 31.12.01 befinden sich noch 100.000 kg Phosphat am Lager. Mit welchem Wert steht der Rohstoff Phosphat in der Bilanz der Gieß- und Sprieß GmbH, wenn die Wiederbeschaffungskosten für Phosphat zum Bilanzstichtag auf 4 €/kg gesunken sind und die Netto-Absatzpreise in 01 für das Fertigprodukt im Fall a) 15 €, im Fall b) 11 €, im Fall c) 10 € betragen sowie im Fall d) nicht schätzbar sind?

Bilanzansatz im Fall a): 500.000 €. Da der Absatzpreis des Fertigerzeugnisses mit 15 € noch **über** den voraussichtlichen Herstellungskosten von 11,50 € liegt, darf **keine** außerplanmäßige Abschreibung des Rohstoffes Phosphat erfolgen. Im Gegensatz dazu müsste im HGB **zwingend** auf die Wiederbeschaffungskosten des Rohstoffes abgeschrieben werden (= strenges Niederstwertprinzip).

	1 kg Rohstoff Phosphat	5,00 €
+	sonstige Fertigstellungskosten	6,50 €
=	Herstellungskosten	11,50 €

Netto-Absatzpreis 15,00 € > Herstellungskosten 11,50 €

Bilanzansatz im Fall b): 450.000 €. Der Absatzpreis des Fertigproduktes liegt mit 11 € **unter** den Herstellungskosten von 11,50 €. Da der Nettoveräußerungswert des Phosphats nur noch 4,50 €/kg beträgt, ist dieser Rohstoff außerplanmäßig um 0,50 €/kg abzuschreiben. Eine Abschreibung auf die Wiederbeschaffungskosten von 4 €/kg ist nicht zulässig.

	Netto-Absatzpreis	11,00 €
./.	sonstige Fertigstellungskosten	6,50 €
=	Nettoveräußerungswert Phosphat	4,50 €

Bilanzansatz im Fall c): 350.000 €. Der Nettoveräußerungswert des Rohstoffes Phosphat liegt mit 3,50 €/kg sogar noch unter den Wiederbeschaffungskosten von 4 €/kg. Zum Bilanzstichtag muss auf den Nettoveräußerungswert von 3,50 €/kg abgeschrieben werden, damit eine **verlustfreie** Bewertung gewährleistet ist. Das Vorziehen des Verlustes in die Periode, in der er wirtschaftlich entstanden ist, ermöglicht einen späteren **erfolgsneutralen** Verkauf oder Verbrauch.

Bilanzansatz im Fall d): 400.000 €. Da die künftigen Netto-Absatzpreise für das Fertigprodukt Rasendünger nicht schätzbar sind, muss der Rohstoff Phosphat auf seine Wiederbeschaffungskosten von 4 €/kg abgewertet werden.

Abwertungen von Vorräten auf den Nettoveräußerungswert erfolgen im Regelfall gemäß IAS 2.29 in Form von Einzelwertberichtigungen. Ähnliche oder miteinander zusammenhängende Vorräte können aber sinnvollerweise **zusammengefasst** werden, sofern es sich beispielsweise um Vorräte handelt, die der gleichen Produktlinie angehören, einem ähnlichen Zweck dienen, im selben geografischen Gebiet produziert und vermarktet werden und praktisch nicht unabhängig von anderen Gegenständen aus dieser Produktlinie bewertet werden können. Eine derartige **Pauschalwertberichtigung** kann beispielsweise für Saisonbekleidung im Textileinzelhandel sinnvoll sein. In diesem Fall wird es kaum möglich sein zu bestimmen, wann welche Bekleidungsstücke über oder unter den Anschaffungs- oder Herstellungskosten verkauft werden können.

Gemäß IAS 2.33 ist der Nettoveräußerungswert zu **jedem Abschlussstichtag** durch Schätzung neu zu ermitteln. Sofern die Umstände, die zu einer früheren Abschreibung geführt haben, nicht mehr vorliegen, besteht eine **Zuschreibungspflicht**. Dies kann beispielsweise dann der Fall sein, wenn sich der Verkaufspreis von noch im Bestand befindlichen Vorräten wieder erhöht. Der neue Buchwert ergibt sich aus dem **niedrigeren** Wert aus Anschaffungs- oder Herstellungskosten und **berichtigtem** Nettoveräußerungswert. Sofern eine Zuschreibung vorzunehmen ist, muss diese gemäß IAS 2.34 als **Verminderung des Materialaufwands** der Periode erfasst werden, in der die Wertaufholung eintritt. Damit ist eine Ertragsbuchung, wie sie in solchen Fällen im HGB erfolgen würde, ausgeschlossen.

Weiter mit Fall 63

Der Nettoabsatzpreis für den Rasendünger ist in der Folgeperiode 02 wieder auf 15 € gestiegen. Zum Bilanzstichtag 31.12.02 befinden sich noch 2.000 kg Phosphat auf Lager, das in der Vorperiode 06 auf 3,50 €/kg abgeschrieben wurde (siehe Fall c). Wie hoch ist der Zuschreibungsbetrag? Mit welchem Wert steht der Rohstoff Phosphat am 31.12.02 in der Bilanz?

Die Zuschreibungshöhe beträgt 3.000 €. Der berichtigte Nettoveräußerungswert des Rohstoffes Phosphat beträgt 8,50 €/kg (15 € ./. 6,50 €).

Die historischen Anschaffungskosten des Rohstoffes Phosphat betrugen 5 €/kg. Da eine Zuschreibung gemäß IAS 2.33 auf den **niedrigeren** der beiden Werte erfolgen muss, sind die noch vorhandenen 2.000 kg mit 1,50 € zu multiplizieren, die sich als Differenz von historischen Anschaffungskosten und altem Nettoveräußerungswert ergeben. Die 2.000 kg Phosphat sind in der Bilanz zum 31.12.02 mit 10.000 € zu bilanzieren (2.000 kg × 5/kg = 10.000 €).

Gemäß IAS 2.34 sind die Buchwerte jener Vorräte, die verkauft oder verbraucht wurden, als **Aufwand der Periode** zu erfassen, in der auch die zugehörigen Erträge realisiert werden. Diese (aufwandsbezogene) sachliche Abgrenzung führt zu einer sachgerechten Zuordnung von Aufwendungen und Erträgen und damit zu einer periodengerechten Erfolgsermittlung im Sinne des F.22 ind IAS 1.27.

Übersicht 12 fasst den Regelungsinhalt des IAS 2 noch einmal kurz zusammen:

Übersicht 12: Vorräte

Vorräte

▼

Handelt es sich um unfertige Erzeugnisse im Rahmen von Fertigungsaufträgen? — ja ▶ IAS 11

nein ▼

Handelt es sich um Finanzinstrumente? — ja ▶ IAS 32, IFRS 7 und IAS 39

nein ▼

Handelt es sich um land- und forstwirtschaftliche oder biologische Vermögenswerte? — ja ▶ IAS 41

nein ▼

Es handelt sich um Vorräte nach IAS 2!

▼

Zugangsbewertung Anschaffungs- oder Herstellungskosten

▼

Folgebewertung: Einzelbewertung oder Bewertungsvereinfachungsverfahren; Niedrigerer Wert aus Anschaffungs- oder Herstellungskosten und Nettoveräußerungswert

Leitsatz 17

!

Vorräte (IAS 2)

Zu den **Vorräten** nach IAS 2 zählen Vermögenswerte, die zum Verkauf im normalen Geschäftsgang gehalten werden (= Fertigerzeugnisse und Waren), Vermögenswerte, die sich in der Herstellung für einen solchen Verkauf befinden (= unfertige Erzeugnisse und unfertige Leistungen) sowie Roh-, Hilfs- und Betriebsstoffe, die dazu bestimmt sind, bei der Herstellung oder der Erbringung von Dienstleistungen verbraucht zu werden.

Der Bilanzansatz von Vorräten richtet sich nach den Definitions- und Ansatzkriterien des Rahmenkonzepts. Die **Zugangsbewertung** erfolgt zu Anschaffungs- oder Herstellungskosten.

Im Rahmen der **Folgebewertung** sind sowohl die Einzelbewertung als auch **Bewertungsvereinfachungsverfahren** gestattet. Dazu gehören die gewogene Durchschnittsmethode und als einziges Verbrauchsfolgeverfahren das Fifo-Verfahren.

Es gilt das **strenge Niederstwertprinzip**. Danach sind Vorräte mit dem niedrigeren Wert aus Anschaffungs- oder Herstellungskosten und dem Nettoveräußerungswert zu bewerten. Beim Nettoveräußerungswert handelt es sich um den geschätzten Verkaufserlös abzüglich noch anfallender Fertigstellungs- und Vertriebskosten.

Eine außerplanmäßige Abschreibung der Roh-, Hilfs- und Betriebsstoffe ist nur erlaubt, sofern die Fertigerzeugnisse, in die sie eingehen, voraussichtlich nicht mehr zu den Herstellungskosten oder einem höheren Betrag verkauft werden können. Hier liegt ein großer Unterschied zum HGB!

Der Nettoveräußerungswert ist in jeder Berichtsperiode neu zu ermitteln. Bei Wegfall der Abwertungsgründe hat eine Zuschreibung auf den niedrigeren Wert aus Anschaffungs- oder Herstellungskosten und berichtigtem Nettoveräußerungswert zu erfolgen. Die Zuschreibung wird nicht als Ertrag, sondern als Verminderung des Materialaufwandes gebucht.

5 Fertigungsaufträge (IAS 11)

Gegenstand des IAS 11 ist die Bilanzierung von **Fertigungsaufträgen** beim **Auftragnehmer** (IAS 11.1). Die Bilanzierung von Fertigungsaufträgen stellt einen **Sonderfall der Vorratsbewertung** dar. Fertigungsaufträge sind dadurch charakterisiert, dass der Beginn der Auftragstätigkeiten und die Fertigstellung des Auftrages in der Regel in **verschiedene** Berichtsperioden fallen. Dadurch ergibt sich das Problem der **periodengerechten Zuordnung** von Aufwendungen und Erträgen und insbesondere des damit verbundenen Umsatz- und Erfolgsausweises.

Fall 64

„Genau da liegt das Problem!", mosert X. „Bei einem früheren – noch nach HGB bilanzierten – Fertigungsauftrag über eine Segelyacht für den bekannten Milliardär Bill Flates, deren Herstellungszeit sich über drei Abrechnungsperioden erstreckte, hatte ich in den Jahren 01 und 02 Verluste. Erst bei Fertigstellung der Segelyacht im Jahr 03 durfte ich den vollen, und nicht unerheblichen, Gewinn ausweisen. Meine Hausbank dachte zwischendurch schon, ich würde pleite gehen." Mosert X zu Recht?

Ja! Fertigungsaufträge werden nach tradierter handelsrechtlicher Meinung aufgrund des Vorsichts- und Realisationsprinzips nach der ***Completed-Contract*-Methode** behandelt. Bitte lesen Sie gleich noch einmal Leitsatz 13 in „Rechnungswesen – *leicht gemacht®*".

Eine Umsatz- und Gewinnrealisierung tritt danach erst in der Periode der **kompletten Fertigstellung** und **Abnahme** der Segelyacht durch den Auftraggeber Bill Flates ein. Dies ist das Berichtsjahr 03! Zwar werden in den Vorperioden die Herstellungskosten der unfertigen Segelyacht aktiviert; sofern aber bereits **nicht aktivierungsfähige Aufwendungen**, wie beispielsweise Vertriebskosten angefallen sind, kann es in den Perioden 01 und 02 sogar zu Verlustausweisen kommen, obwohl aus dem Fertigungsauftrag insgesamt ein nicht unerheblicher Gewinn erwirtschaftet wird. Aber das ist Ihnen wahrscheinlich alles bestens aus „Rechnungswesen – *leicht gemacht®*". vertraut!

Derartige Verzerrungen im Erfolgsausweis sollen nach IAS 11 vermieden werden. Umsätze und Gewinne aus Fertigungsaufträgen sind in der Regel nicht erst zum Zeitpunkt der vollständigen Auftragserfüllung (= Lieferung beziehungsweise Abnahme des Gesamtwerkes), sondern **fortlaufend nach Maßgabe des Auftragsfortschritts** zu realisieren.

Ist das Ergebnis eines Fertigungsauftrages verlässlich zu schätzen, so sind die Auftragserlöse und die Auftragskosten gemäß IAS 11.22 entsprechend dem Leistungsfortschritt am Bilanzstichtag jeweils als Erträge und Aufwendungen zu erfassen (= *Percentage-of-Completion*-Methode; kurz PoC-Methode).

Gemäß IAS 11.3 handelt es sich bei einem Fertigungsauftrag um einen Vertrag über die kundenspezifische Fertigung einzelner Gegenstände oder einer Anzahl von Gegenständen, die hinsichtlich Design, Technologie und Funktion oder hinsichtlich ihrer Verwendung aufeinander abgestimmt oder voneinander abhängig sind. Gemäß IAS 11.4 gehören dazu beispielsweise die Fertigung von Brücken, Gebäuden, Dämmen, Pipelines, Straßen, Schiffen, Raffinerien oder Tunneln.

Obwohl der *terminus technicus* **„langfristige"** Fertigungsaufträge in der Fachliteratur sehr häufig benutzt wird, ist das **Kriterium der Längerfristigkeit kein** Bestandteil der Definition des IAS 11.3. Danach sind auch **kurzfristige** Aufträge nach den Regelungen des IAS 11 zu behandeln.

Gemäß IAS 11.5 Buchstaben (a) und (b) gehören zu den Fertigungsaufträgen auch Verträge über die Erbringung von Dienstleistungen, die direkt im Zusammenhang mit der Fertigung eines Vermögenswertes stehen wie beispielsweise Dienstleistungen von Projektleitern oder Architekten sowie Verträge über den Abriss oder die Restaurierung von Vermögenswerten und die Wiederherstellung der Umwelt. Dienstleistungsverträge ohne Bezug zu einem materiellen Fertigungsauftrag sind nach IAS 18 (Erträge) zu bilanzieren, wobei sich die Grundsätze der Periodenabgrenzung in IAS 18 und IAS 11 entsprechen. Ausgeklammert von den Regelungen des IAS 11 ist die individualisierte Massenfertigung (beispielsweise in der Automobilindustrie), selbst wenn die Produkte nach speziellen

Kundenwünschen (Lackierung, Bereifung, Polsterstoffe, Radiotypen etc.) hergestellt werden.

Gemäß IAS 11.7 sind die Regelungen des IAS 11 grundsätzlich für jeden Fertigungsauftrag **einzeln** anzuwenden. Nach IAS 11.8 bis IAS 11.10 kann es unter Umständen aber erforderlich werden, einzelne Verträge zu einem Fertigungsauftrag zusammenzufassen. So würde man beispielsweise den Vertrag über den Bau eines Kraftwerkes und den rechtlich getrennten Vertrag über die Fertigung eines dazugehörigen Kühlturmes in der Regel zu einem Fertigungsauftrag zusammenfassen.

IAS 11.6 unterscheidet **drei Formen** von Fertigungsaufträgen: **Festpreisverträge**, **Kostenzuschlagsverträge** und **Mischverträge**, die sowohl Merkmale von Festpreisverträgen als auch Merkmale von Kostenzuschlagsverträgen aufweisen. Ein **Festpreisvertrag** ist gemäß IAS 11.3 ein Fertigungsauftrag, für den der Auftragnehmer einen festen Preis beziehungsweise einen festgelegten Preis pro Outputeinheit vereinbart, wobei diese Preise an eine Preisgleitklausel gekoppelt sein können. Ein **Kostenzuschlagsvertrag** ist dagegen gemäß IAS 11.3 ein Fertigungsauftrag, bei dem der Auftragnehmer abrechenbare oder anderweitig festgelegte Kosten zuzüglich eines vereinbarten Prozentsatzes dieser Kosten oder einen festen Gewinnaufschlag vergütet bekommt. Ein **Mischvertrag** könnte beispielsweise ein Kostenzuschlagsvertrag mit einer vereinbarten Preisobergrenze sein.

Die PoC-Methode darf gemäß IAS 11.22 nur angewendet werden, wenn das Ergebnis eines Fertigungsauftrages **verlässlich geschätzt** werden kann. Für den Fall eines **Festpreisvertrages** kann immer dann von einer verlässlichen Schätzung ausgegangen werden, wenn gemäß IAS 11.23 nachfolgend aufgeführte Kriterien **kumulativ** erfüllt sind:

a) die gesamten **Auftragserlöse** müssen verlässlich geschätzt werden können,

b) es ist wahrscheinlich, dass dem Unternehmen aus dem Vertrag ein **wirtschaftlicher Nutzen** zufließen wird,

c) zum Abschlussstichtag können die bis zur Fertigstellung des Auftrages noch anfallenden Ausgaben und der **Grad der Fertigstellung** verlässlich ermittelt werden und

d) die **Auftragsausgaben** müssen eindeutig bestimmt und verlässlich ermittelbar sein, um die bislang entstandenen Kosten mit früheren Schätzungen vergleichen zu können.

Handelt es sich um einen **Kostenzuschlagsvertrag**, sind die **kumulativ** zu erbringenden Anforderungen an die verlässliche Schätzung des Ergebnisses geringer. Gemäß IAS 11.24 muss der wirtschaftliche Nutzenzufluss wahrscheinlich sein. Zusätzlich müssen die Auftragsausgaben, unabhängig von ihrer gesonderten Abrechenbarkeit, eindeutig bestimmbar und verlässlich ermittelbar sein. **Mischverträge** haben gemäß IAS 11.6 kumulativ alle Kriterien des IAS 11.23 und des IAS 11.24 zu erfüllen.

Ausgehend von den Anforderungen, die an einen Festpreisvertrag gestellt werden, müssen demnach die drei Parameter **„Auftragserlöse“**, **„Auftragskosten“** und **„Fertigstellungsgrad“** eines Fertigungsauftrages geschätzt werden können. Das Kriterium des wahrscheinlichen Nutzenzuflusses wird immer dann erfüllt sein, solange die Bonität des Auftraggebers gewährleistet ist.

Gemäß IAS 11.11 ff. setzen sich die **Auftragserlöse** wie folgt zusammen:

a) ursprünglich vertraglich **vereinbarte Erlöse**,

b) **Zahlungen für Abweichungen** am Gesamtwerk in der Regel infolge von Abwandlungen am zu erstellenden Objekt, **Nachforderungen** für im Preis nicht kalkulierte Kosten infolge von vom Kunden zu verantwortenden Verzögerungen bei den Bauausführungen und **Prämien**, insbesondere für das Einhalten oder Unterschreiten der geplanten Bauzeit.

Die **Auftragskosten** umfassen gemäß IAS 11.16 ff.:

a) die **direkt zurechenbaren Kosten** wie beispielsweise Fertigungslöhne, Materialkosten, planmäßige Abschreibungen der für die Auftragsabwicklung eingesetzten Anlagen und Maschinen, Entwurfskosten oder Kosten für die technische Unterstützung,

b) alle **indirekten** und allgemein dem Vertrag zurechenbaren **Kosten** wie beispielsweise Fertigungsgemeinkosten oder Versicherungsprämien der Fertigungsanlagen und

c) **sonstige Kosten**, die dem Kunden vertragsgemäß gesondert in Rechnung gestellt werden können, wie beispielsweise Teile der allgemeinen Verwaltungskosten.

Nicht zu den Auftragskosten gehören gemäß IAS 11.20:

a) **Kosten** der **allgemeinen Verwaltung**, sofern für sie keine Erstattung im Vertrag vereinbart wurde,

b) **Vertriebskosten**,

c) **Forschungs- und Entwicklungskosten**, sofern für sie keine Erstattung im Vertrag vereinbart wurde und

d) **planmäßige Abschreibungen** auf ungenutzte Anlagen und Maschinen, die nicht für die Abwicklung eines bestimmten Auftrages verwendet werden.

Bei der **Ermittlung** des **Fertigstellungsgrades** hat ein Unternehmen gemäß IAS 11.30 die Methode zu wählen, mit der die erbrachte Leistung verlässlich ermittelt werden kann. Dabei kann es sich sowohl um **Input-Verfahren** als auch um **Output-Verfahren** handeln. Das international gebräuchlichste Input-Verfahren ist die ***Cost-to-Cost*-Methode**. Danach werden die bis zum Abschlussstichtag angefallenen Auftragskosten in das Verhältnis zu den gesamten geschätzten Auftragskosten gesetzt (IAS 11.30 Buchstabe (a)). Wesentliches Kriterium dieser Methode ist demnach der **kostenmäßige Faktor-Input**.

Ein weiteres Input-Verfahren stellt die ***Effort-expended*-Methode** dar. Bei dieser Methode wird der Verbrauch eines **wesentlichen** Inputfaktors in das Verhältnis zum Gesamtverbrauch dieses Inputfaktors gesetzt (beispielsweise geleistete Arbeitsstunden im Verhältnis zu den geschätzten Gesamtarbeitsstunden = ***Labour-Hours*-Methode**). Hier handelt es sich um einen **mengenmäßigen Faktor-Input**. Die Output-orientierten Verfahren ermitteln den Auftragsfortschritt im Verhältnis der erreichten Leistung zur Gesamtleistung wie es beispielsweise bei der ***Physical-Observation*-Methode** der Fall ist. Für die Bestimmung des Fertigstellungsgrades ist hier der **mengenmäßige Faktor-Output** wie beispielsweise erstellte Straßenkilometer, umbauter Raum oder bebaute Fläche maßgeblich.

Fall 65

„Das hört sich verdammt kompliziert an!“, lässt X weinerlich vernehmen. Da Max Huber, ein Stammtischbruder des X, ihn wahrscheinlich mit der Erstellung eines Mehrfamilienhauses beauftragen wird, hat Oberbuchhalter Rudi Pingel zur Beruhigung seines Chefs anhand des zu erwartenden Auftrages eine Berechnung nach der *Cost-to-Cost*-Methode und der *Physical-Observation*-Methode erstellt. Wie könnte diese Berechnung aussehen, wenn Rudi Pingel mit einem Auftragserlös von 4 Mio. € und mit Auftragskosten von 3,2 Mio. € rechnet, wovon im Jahr 01 2,4 Mio. € Kosten und im Jahr 02 der Rest anfallen wird? Pingel rechnet damit, dass von den gesamten 4.000 m³ zu umbauenden Raum bis Ende 01 aufgrund der Unterkellerungsarbeiten erst 1.600 m³ erstellt werden können.

Wie Sie aus der folgenden Aufstellung sehen, führt die Anwendung unterschiedlicher Verfahren in der Regel auch zu unterschiedlichen Fertigstellungsgraden und damit verbunden auch zu **unterschiedlichen Gewinnausweisen**. Dies bedeutet nun aber nicht, dass der Bilanzierende sich die Methode aussuchen kann, die ihm bilanzpolitisch am besten gefällt. Er hat aus Gründen der Vermittlung eines den tatsächlichen Verhältnissen entsprechenden Bildes der Vermögens-, Finanz- und Ertragslage die Methode zu wählen, die den Sachverhalt am besten widerspiegelt.

		davon fallen an in	
	Gesamtprojekt	Periode 01	Periode 02
Gesamtauftragserlöse			4.000.000 €
Auftragskosten (geschätzt)	3.200.000 €	2.400.000 €	800.000 €
Leistung: umbauter Raum in m³	4.000	1.600	2.400
Cost-to-Cost-Methode (Input-Verfahren)			
Fertigstellungsgrad (Kriterium: Kosten) = Auftragskosten der Periode / gesamte Auftragskosten × 100		75 %	25 %
Umsatzerlöse = Fertigstellungsgrad × Gesamtauftragserlöse		3.000.000 €	1.000.000 €
Kosten		2.400.000 €	800.000 €
Gewinn	800.000 €	600.000 €	200.000 €
Physical-Observation-Methode (Output-Verfahren)			
Fertigstellungsgrad (Kriterium: Leistung) = Leistung der Periode / Gesamtleistung × 100		40 %	60 %
Umsatzerlöse		1.600.000 €	2.400.000 €

= Fertigstellungsgrad × Gesamtauftragserlöse			
Kosten		1.280.000 €	1.920.000 €
= Fertigstellungsgrad × Gesamtkosten			
Gewinn	800.000 €	320.000 €	480.000 €

Zurück zu Fall 64

X möchte den Fertigungsauftrag über die Segelyacht für den Milliardär Bill Flates (Schiffsname: Fliegender Holländer) nunmehr nach der PoC-Methode buchen. Er beginnt am 01.01.01 mit dem Bau der Segelyacht. Der voraussichtliche Termin der Fertigstellung ist der 31.12.03. Der vereinbarte Festpreis beträgt 3.900.000 €. Die gesamten Auftragskosten belaufen sich auf 3.000.000 €. Der Vergütungsanspruch entsteht mit der Abnahme der Segelyacht durch Bill Flates am 31.12.03. Bill Flates zahlt noch am 31.12.03. Der Fertigungsauftrag wird kontinuierlich abgewickelt. In jeder Periode fällt $^1/_3$ der Auftragskosten an (*Cost-to-Cost*-Methode). Wie lauten die entsprechenden Buchungen in den Perioden 01 bis 03?

Bei der PoC-Methode dominiert das **Prinzip der periodengerechten Erfolgsermittlung** (F.22). Die Gewinnrealisierung ist nach dem Fertigstellungsgrad **ergebniswirksam** zu buchen. Der Fertigstellungsgrad der Perioden 01 bis 03 wird nach der *Cost-to-Cost*-Methode wie folgt errechnet:

$$\frac{\text{Auftragskosten der Periode } 1.000.000\ €}{\text{Gesamte Auftragskosten } 3.000.000\ €} \times 100 = 33{,}33\%$$

Nach diesem Maßstab werden nunmehr die korrespondierenden Erträge (= Umsatzerlöse) gebucht (hier am Beispiel des Gesamtkostenverfahrens). Die Sollbuchung erfolgt auf dem Konto „Forderungen aus PoC".

Periode 01:

Aufwendungen	1.000.000	an	Finanzkonto	1.000.000
Forderung aus PoC	1.300.000	an	Umsatzerlöse	1.300.000
GuV	1.000.000	an	Aufwendungen	1.000.000
Umsatzerlöse	1.300.000	an	GuV	1.300.000
SBK	1.300.000	an	Forderung aus PoC	1.300.000

Der Erfolg i.H.v. 300.000 € wird in 01 ausgewiesen (= **Teilgewinnrealisierung**).

Periode 02:

Forderung aus PoC	1.300.000	an	EBK	1.300.000
Aufwendungen	1.000.000	an	Finanzkonto	1.000.000
Forderung aus PoC	1.300.000	an	Umsatzerlöse	1.300.000
GuV	1.000.000	an	Aufwendungen	1.000.000
Umsatzerlöse	1.300.000	an	GuV	1.300.000
SBK	2.600.000	an	Forderung aus PoC	2.600.000

Periode 03:

Forderung aus PoC	2.600.000	an	EBK	2.600.000
Aufwendungen	1.000.000	an	Finanzkonto	1.000.000
Forderung aus PoC	1.300.000	an	Umsatzerlöse	1.300.000
GuV	1.000.000	an	Aufwendungen	1.000.000
Umsatzerlöse	1.300.000	an	GuV	1.300.000
Finanzkonto	3.900.000	an	Forderung aus PoC	3.900.000

Kann das Ergebnis eines Fertigungsauftrages **nicht verlässlich geschätzt** werden, darf das Unternehmen gemäß IAS 11.32 Buchstabe (a) die Erlöse nur in Höhe der angefallenen Auftragskosten ansetzen, die wahrscheinlich einbringbar sind. Die Auftragskosten sind gemäß IAS 11.32 Buchstabe (b) als Aufwand der Periode zu erfassen. Somit kommt es **nicht** zu einem Gewinnausweis (Zero-Profit-Methode).

Ist aus einem Fertigungsauftrag **wahrscheinlich** ein **Verlust** zu erwarten (Auftragskosten > Auftragserlöse), dann ist dieser gemäß IAS 11.36 sofort als **Aufwand** der Periode zu buchen. Somit hat das Unternehmen den Verlust zu **antizipieren**. Eine Periodisierung der Verluste über die Fertigungsdauer findet nicht statt!

Leitsatz 18

!

Fertigungsaufträge (IAS 11)

IAS 11 behandelt die Bilanzierung von **Fertigungsaufträgen** beim Auftragnehmer. Insbesondere regelt IAS 11 die sachgerechte Zuordnung von Aufwendungen und Erträgen und die damit verbundene Teilgewinnrealisierung bei periodenübergreifender Auftragstätigkeit.

Zu den Fertigungsaufträgen gehören gemäß IAS 11.6 **Festpreisverträge**, **Kostenzuschlagsverträge** oder eine **Mischung** aus beiden Vertragstypen.

Sofern das Ergebnis eines Fertigungsauftrages verlässlich zu schätzen ist, sind (= Pflicht) gemäß IAS 11.22 die Auftragskosten und die Auftragserlöse entsprechend dem Leistungsfortschritt am Bilanzstichtag als Aufwand und Ertrag zu buchen. Danach werden Umsätze und Gewinne aus Fertigungsaufträgen fortlaufend nach Maßgabe des Auftragsfortschritts (*Percentage-of-Completion*-Methode; kurz PoC-Methode) erfasst.

Die Ermittlung des Fertigstellungsgrades kann entweder nach **Input- oder Output-Verfahren** erfolgen. Das gebräuchlichste Input-Verfahren ist die Cost-to-Cost-Methode, bei der die bis zum Bilanzstichtag angefallenen Auftragskosten in das Verhältnis zu den gesamten geschätzten Auftragskosten gesetzt werden.

Kann das Ergebnis eines Fertigungsauftrages nicht verlässlich bestimmt werden, dürfen die Umsatzerlöse nur in Höhe der angefallenen Aufwendungen ausgewiesen werden (*Zero-Profit*-Methode). Es kommt dann nicht zu einer Teilgewinnrealisierung.

Wahrscheinlich zu erwartende Verluste aus einem Fertigungsauftrag sind sofort zu antizipieren, d.h. als Aufwand der Periode zu erfassen.

Lektion 8: Bilanzierung der Passiva

1 Eigenkapital

Die Position Eigenkapital ergibt sich grundsätzlich als Saldogröße aus den Vermögenswerten und Schulden (F. 49 Buchstabe (c)). Dabei wird bei Kapitalgesellschaften zumindest nach dem gezeichneten Kapital und den Rücklagen differenziert (IAS 1.54). Das Eigenkapital bei Einzelunternehmen braucht hingegen nicht unterteilt zu werden und bei Personengesellschaften erfolgt – wie in einer Bilanz nach HGB – zumindest eine Differenzierung nach Gesellschaftern.

2 Verbindlichkeiten und Rückstellungen

Die bilanzielle Behandlung von Schulden ist neben den einschlägigen Regelungen des Rahmenkonzeptes (IAS F. 49 Buchstabe (b) und F. 60 bis F. 64) vor allem in IAS 37 (Rückstellungen, Eventualschulden und Eventualforderungen) und IAS 32 / 39 (Finanzinstrumente: Darstellung / Ansatz und Bewertung) und IFRS 7 (Finanzinstrumente: Angaben) geregelt. Ergänzende Regelungen finden sich in zahlreichen weiteren IAS / IFRS, die den Regeln des IAS 37 vorgehen (siehe z.B. den Hinweis in IAS 37.5 auf IAS 12 oder etwa IAS 19). Übersicht 13 soll einen ersten Überblick geben.

Übersicht 13: Bilanzierung von Verpflichtungen

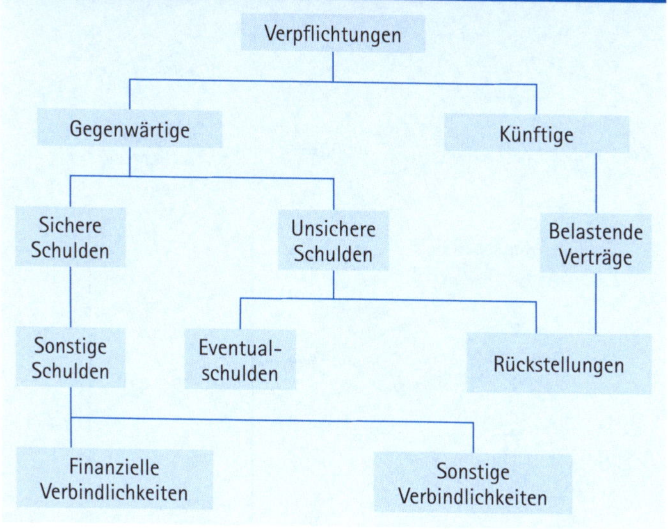

Die IFRS unterscheiden also drei Arten von gegenwärtigen Verpflichtungen: Eventualschulden, Rückstellungen und sonstige Schulden. Die Abgrenzung kann anhand des folgenden Flussdiagramms vorgenommen werden:

Übersicht 14: Gegenwärtige Verpflichtung

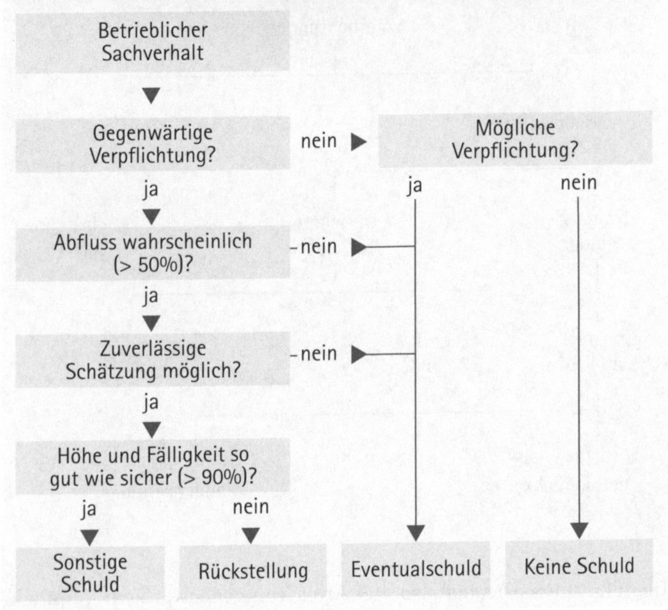

Eine **Schuld** ist eine gegenwärtige Verpflichtung des Unternehmens, die aus Ereignissen der Vergangenheit entsteht und deren Erfüllung für das Unternehmen erwartungsgemäß mit einem Abfluss von Ressourcen mit wirtschaftlichem Nutzen verbunden ist (so genannte abstrakte Bilanzierungsfähigkeit; F. 49 Buchstabe (b), IAS 37.10).

Ein vergangenes Ereignis ist verpflichtend, wenn ein Unternehmen keine realistische Alternative zur Erfüllung der Verpflichtung hat (IAS 37.10). Es gibt rechtliche und faktische Verpflichtungen. Eine rechtliche Verpflichtung entsteht durch Vertrag oder Gesetz (IAS 37.10). Eine faktische Verpflichtung entsteht, wenn ein Unternehmen durch schlüssiges Verhalten anderen Marktteilnehmern den Eindruck vermittelt, es werde einer Verpflichtung nachkommen (IAS 37.10).

Ist von einer Schuld auszugehen, so ist deren konkrete Bilanzierungsfähigkeit zu prüfen. Liegt die Wahrscheinlichkeit eines Abflusses über 50 % und lässt sich der Erfüllungsbetrag der Schuld zuverlässig schätzen, so ist sie entweder als Rückstellung oder als sonstige Schuld in der Bilanz anzusetzen (F. 83, F. 91).

Eine **Rückstellung** ist eine Schuld, die bezüglich ihrer Fälligkeit oder ihrer Höhe ungewiss ist (IAS 37.10).

Eine **sonstige Schuld** unterscheidet sich von Rückstellungen durch den Grad ihrer Unsicherheit (IAS 37.11). Sie ist der Höhe und der Fälligkeit nach so gut wie sicher (Wahrscheinlichkeit > 90 %) oder sogar sicher.

Eine **Eventualschuld** birgt weitaus mehr Unsicherheiten in sich als eine Rückstellung und ist grundsätzlich nicht bilanzierungsfähig (IAS 37.10 i. V. m. IAS 37.27). Ausnahmen ergeben sich aus IFRS 3.22 f. i.V.m. IFRS 3.10.

Zwei Gründe können für das Bestehen einer Eventualschuld sprechen (IAS 37.10): Das Eintreten einer Verpflichtung an sich kann ungewiss sein (mögliche Verpflichtung) oder es besteht eine gegenwärtige Verpflichtung. Die Wahrscheinlichkeit eines Ressourcenabflusses liegt jedoch unter 50 % oder die Höhe der Verpflichtung kann nicht zuverlässig geschätzt werden.

2.1 Sonstige Schulden

Hinsichtlich der sonstigen Schulden ist zwischen finanziellen und sonstigen Verbindlichkeiten zu unterscheiden. Die bilanzielle Behandlung sonstiger Schulden wird vor allem von IAS 39 geregelt. Sofern keine Ausnahmen bestehen, fallen alle sonstigen Schulden, die die Definition einer finanziellen Verbindlichkeit erfüllen, unter IAS 39.

Eine finanzielle Verbindlichkeit ist jede vertragliche Verpflichtung, flüssige Mittel oder einen anderen finanziellen Vermögenswert an ein anderes Unternehmen abzugeben oder Finanzinstrumente mit einem anderen Unternehmen unter potenziell nachteiligen Bedingungen austauschen zu müssen (IAS 32.11 i.V.m. IAS 39.8). Wichtige Voraussetzung ist das Vorhandensein einer vertraglichen Verpflichtung. Beruht eine sonstige Schuld nicht auf einer vertraglichen Vereinbarung, so zählt sie zu den nicht von IAS 39 erfassten **sonstigen Verbindlichkeiten** (z.B. Steuern (IAS 12), Sozialabgaben (IAS 19)). Weitere Voraussetzung ist der Abfluss finanzieller Mittel. Eine erhaltene Anzahlung auf eine Bestellung oder eine Sachleistungsverpflichtung fällt somit nicht unter IAS 39, da die Verpflichtung in der Bereitstellung eines Sachvermögenswertes oder einer Dienstleistung besteht.

> An dieser Stelle sei noch einmal darauf hingewiesen, dass die IFRS **weder Anzahlungen noch Rechnungsabgrenzungsposten als eigenständige Bilanzpositionen kennen**.

Des Weiteren werden durch IAS 39.2 einige Sachverhalte explizit von dem Anwendungsbereich von IAS 39 ausgeschlossen; bitte nachlesen.

▶ Finanzielle Verbindlichkeiten

Aus den Definitionsbestimmungen des IAS 39.9 lässt sich herleiten, dass **finanzielle Verbindlichkeiten** weiter in zwei Kategorien – anders als Finanzinstrumente (siehe Lektion 9) – unterteilt werden: finanzielle Verbindlichkeiten, die erfolgswirksam zum beizulegenden Zeitwert bewertet werden und alle sonstigen finanziellen Verbindlichkeiten. Zu den finanziellen Verbindlichkeiten, die erfolgswirksam zum beizulegenden Zeitwert bewertet werden, zählen zuerst diejenigen finanziellen Verbindlichkeiten, die in die Kategorie **zu Handelszwecken gehaltene finanziellen Verbindlichkeiten** klassifiziert werden. Eine finanzielle Verbindlichkeit wird zu Handelszwecken gehalten, wenn sie hauptsächlich mit der Absicht erworben oder eingegangen wurde, einen Gewinn aus kurzfristigen Wertschwankungen zu erzielen (IAS 39.9). Den Unternehmen steht es aber auch frei (echtes Wahlrecht!), andere finanzielle Verbindlichkeiten unter gewissen Voraussetzungen dieser Gruppe zuzuordnen. Alle anderen finanziellen Verbindlichkeiten fallen unter die nicht explizit genannte Kategorie der sonstigen finanziellen Verbindlichkeiten. Bei Industrie-, Handels- und Dienstleistungsunternehmen dürften hierzu nahezu sämtliche Verbindlichkeiten zählen.

Fall 66

X und Y gründen gemeinsam die Kfz-Werkstatt Fahrklar GmbH. Am 01.12.01 schließen sie mit einer Handelsgesellschaft einen Kaufvertrag über einen Wagenheber für 150 € ab. Die Zahlung soll bei Lieferung erfolgen. Bedingt durch Lieferschwierigkeiten werden X und Y den Wagenheber jedoch erst Mitte Januar erhalten. Wie ist dieser Sachverhalt in der Bilanz der Fahrklar GmbH zum 31.12.01 zu berücksichtigen?

Geht ein Unternehmen eine vertraglich festgelegte finanzielle Verpflichtung ein, so hat es diese Schuld zu passivieren (IAS 39.14). Handelt es sich jedoch um eine finanzielle Verpflichtung aus einem **schwebenden Geschäft**, bei dem Waren oder Dienstleistungen (d.h. keine Finanzwerte) angekauft werden, so ist eine Schuld ausnahmsweise nach der herrschenden Meinung erst dann zu erfassen, wenn zumindest eine Vertragspartei ihrer Verpflichtung nachgekommen ist (IAS 39.AG 35 Buchstabe (b)). Dadurch soll eine unnötige Aufblähung der Bilanz vermieden werden. Also erfolgt keine Buchung bei der Fahrklar GmbH zum 31.12.01.

Fall 67

Am 31.12.01 kaufen X und Y außerdem einen Computer für 1.000 €, den sie gleich mitnehmen. Die Bezahlung erfolgt erst im Januar. Wie ist dieser Sachverhalt in der Bilanz zum 31.12.01 der Fahrklar GmbH zu berücksichtigen? Vernachlässigen Sie hier und bei den folgenden Fällen die Umsatzsteuer, sofern die Berücksichtigung nicht explizit gefordert ist.

Nun ist es soweit. Die Fahrklar GmbH muss eine Schuld in der Bilanz ausweisen, da sie durch die Handlung von X und Y (Gesellschafter-Geschäftsführer) eine rechtlich verpflichtete Vertragspartei des Geschäfts geworden ist und der Schwebezustand durch die Leistung der anderen Vertragspartei beendet wurde (IAS 39.14, IAS 39.AG 35 Buchstabe (b)). Die **Zugangsbewertung** der finanziellen Schuld erfolgt zum beizulegenden Zeitwert der erhaltenen Gegenleistung (IAS 39.43). Dieser entspricht gewöhnlich den vertraglich vereinbarten Anschaffungskosten des im Rahmen des Beschaffungsgeschäfts erworbenen Vermögenswertes (IAS 39.AG 64). Der Buchungssatz lautet:

Sachanlagen	1.000	an	Verbindlichkeiten aus Lieferungen und Leistungen	1.000

Fall 68

Am 15.12.01 kaufen X und Y kostengünstig in Polen Ersatzteile für Pkws für insgesamt 5.000 Zloty und nehmen diese auch gleich mit. Das Zahlungsziel beträgt einen Monat. Am 15.12. betrug der Wechselkurs Zloty / € 4,50. Am 31.12. ist er auf 4,70 gestiegen. Wie ist dieser Sachverhalt am 15.12. und im Jahresabschluss zum 31.12. zu berücksichtigen?

Die 5.000 Zloty sind als Schuld in Höhe des beizulegenden Zeitwertes der erhaltenen Gegenleistung zu passivieren (**Ansatz**: IAS 39.14, IAS 39.AG 35 Buchstabe (b); **Erstbewertung**: IAS 39.43). Die bilanzielle Behandlung von **Fremdwährungsverbindlichkeiten** wird in IAS 21 beschrieben. Beim erstmaligen Ansatz sind Fremdwährungsverbindlichkeiten nach IAS 21.21 mit dem **Kassakurs** zum Zeitpunkt der zugrunde liegenden Transaktion umzurechnen [5.000 / 4,50 =] 1.111 €. Der Buchungssatz lautet:

Vorräte	1.111	an	Verbindlichkeiten aus Lieferungen und Leistungen	1.111

Im Rahmen der **Folgebewertung** sind Fremdwährungsverbindlichkeiten mit ihrem **Stichtagskurs** zu bewerten (IAS 21.23 Buchstabe (a)). Wertschwankungen sind in der Periode ihrer Entstehung erfolgswirksam zu erfassen (IAS 39.AG 83 i.V.m. IAS 21.28). Der Buchungssatz lautet:

Verbindlichkeiten aus Lieferungen und Leistungen	47	an	sonstige betriebliche Erträge	47

Die Verbindlichkeit steht am 31.12.01 mit [5.000 / 4,70 =] 1.064 € zu Buche.

Fall 69

X und Y bekommen am 31.12.01 ihre neue Büroeinrichtung geliefert. Der Kaufpreis beträgt 2.400 €. Mit dem Verkäufer haben sie eine monatliche Ratenzahlung i.H.v. 200 € über zwölf Monate vereinbart. Zinsen sind nicht zu leisten. Der angemessene Zinssatz würde 10% betragen. Wie ist dieser Sachverhalt in den Jahresabschlüssen der Fahrklar GmbH zum 31.12.01 und 02 zu berücksichtigen?

Es ist eine Verbindlichkeit zum beizulegenden Zeitwert der erhaltenen Gegenleistung zu bilanzieren (IAS 39.14, IAS 39.AG 35 Buchstabe (b), IAS 39.43). Dieser entspricht dem **Barwert der zukünftigen Auszahlungen** [$200\ € / (1+0{,}1 / 12)^1 + 200\ € / (1+0{,}1 / 12)^2 + (...) + 200\ € / (1+0{,}1 / 12)^{12} =$] 2.275 € (IAS 39.AG 64, vgl. auch IAS 16.23). Der Buchungssatz am 31.12.01 lautet:

Sachanlagen	2.275	an	Verbindlichkeiten aus Lieferungen und Leistungen	2.275

Die Folgebewertung hat mit den fortgeführten Anschaffungskosten der Verbindlichkeit zu erfolgen (IAS 39.47). Die fortgeführten Anschaffungskosten ergeben sich aus dem erstmaligen Wertansatz der Schuld, abzüglich Tilgungen, zuzüglich (abzüglich) der kumulierten Verrechnung einer etwaigen Differenz zwischen dem ursprünglichen Betrag und dem bei Endfälligkeit rückzahlbaren Betrag sowie zuzüglich (abzüglich) einer gegebenenfalls eintretenden außerordentlichen Erhöhung (Verringerung) der Schuld (vgl. die Definition der fortgeführten Anschaffungskosten in IAS 39.9). Die Verrechnung des Unterschiedsbetrags ist mittels der **Effektivzinsmethode** vorzunehmen (IAS 39.47). Als effektiver Zinssatz gilt der Kalkulationszinssatz, mit dem die zukünftigen Zahlungsmittelabflüsse (Zins und Tilgung) bis zur Endfälligkeit der Schuld auf den gegenwärtigen Buchwert abgezinst werden (IAS 39.9, vgl. auch IAS 18.30 Buchstabe (a)).

> Der Effektivzinssatz wird auch als interner Zinssatz einer Zahlungsreihe bezeichnet.

Da im vorliegenden Fall für die Streckung des Kaufpreises keine Zinszahlungen vereinbart wurden, entspricht der effektive Zinssatz dem Marktzins. Die Verzinsung der Schuld (Amortisation des Unterschiedsbetrages) ist erfolgswirksam zu erfassen (vgl. auch IAS 16.23).

Sie beträgt [$2.275\ € \times (^{0,1}/_{12}) =$] 18,96 € für den ersten Zahlungsmonat. Die entsprechenden Buchungssätze am 31.01.02 lauten:

Zinsaufwand	18,96	an	Verbindlichkeiten aus Lieferungen und Leistungen	18,96
Verbindlichkeiten aus Lieferungen und Leistungen	200	an	Bank	200

Zum 31.12.02 wird damit keine Schuld mehr ausgewiesen.

Ergänzend sei darauf hingewiesen, dass in Trivialfällen, wie oben von der komplizierten Abzinsung Abstand genommen werden kann. Dies folgt direkt aus dem **Wesentlichkeitsgrundsatz** (F.30).

▶ Sonstige Verbindlichkeiten

Fall 70

X und Y erhalten Ende 02 einen Steuerbescheid für das Rumpfwirtschaftsjahr 01. Da X und Y die Steuererklärung verspätet abgegeben haben, müssen sie laut Bescheid einen Verspätungszuschlag i.H.v. 100 € entrichten. Zumal sie sich gut mit ihrer Sachbearbeiterin vom Finanzamt verstehen und die verspätete Abgabe auf Anlaufschwierigkeiten zurückzuführen ist, gehen X und Y davon aus, den Verspätungszuschlag erlassen zu bekommen. Falls der Verspätungszuschlag nicht aufgehoben werden sollte, erfolgt die Zahlung in 03. Wie ist dieser Sachverhalt im Jahresabschluss zum 31.12.02 der Fahrklar GmbH zu berücksichtigen?

Die IFRS enthalten keine gesonderte Bilanzierungs- und Bewertungskonzeption für sonstige Verbindlichkeiten, die nicht unter IAS 39 fallen. Die Bilanzierung sonstiger Verbindlichkeiten richtet sich daher nach dem Rahmenkonzept. Eine sonstige Verbindlichkeit ist anzusetzen, wenn die gegenwärtige Verpflichtung auf Ereignissen der Vergangenheit beruht, ein Abfluss wirtschaftlicher Ressourcen wahrscheinlich ist (> 50 %) und sich dieser zuverlässig ermitteln lässt (F. 49 Buchstabe (b), F. 83 und F. 91).

Der Ansatz einer sonstigen Verbindlichkeit hängt somit von der Wahrscheinlichkeit eines Nutzenabflusses ab. Anzusetzen ist der Betrag, der dem voraussichtlichen Ressourcenabfluss entspricht (F. 83 Buchstabe (a), F. 85 und F. 100). Spezielle Vorschriften für eine Folgebewertung existieren nicht. Eine analoge Anwendung der oben dargestellten Grundsätze bietet sich jedoch an. Der Verspätungszuschlag wäre daher nicht als Schuld in der Bilanz zu passivieren.

Fall 71

Da X und Y zu Beginn ihrer Geschäftstätigkeit noch nicht alle im Betriebsvermögen vorhandenen Räumlichkeiten selber nutzen, vermieten sie einige Räume an ein Speditionsunternehmen. Im Dezember 01 erhalten sie die Miete für die Monate Dezember bis Februar des Folgejahres von jeweils 500 €. Wie ist dieser Sachverhalt im Jahresabschluss zum 31.12.01 der Fahrklar GmbH zu berücksichtigen?

Die IFRS kennen keinen dem deutschen Bilanzrecht vergleichbaren (passiven) Rechnungsabgrenzungsposten. Der Sachverhalt ist daher unter den sonstigen Verbindlichkeiten zu erfassen (F. 49 Buchstabe (b), F. 83 und F. 91). Der Buchungssatz lautet:

Bank	1.500	an	sonst. Verbindlichkeiten	1.000
			Mietertrag	500

2.2 Rückstellungen (IAS 37)

Von einigen Ausnahmen abgesehen werden die Rückstellungen von IAS 37 erfasst. Folgende Rückstellungen fallen nicht unter den Anwendungsbereich von IAS 37 (IAS 37.1 f.):

- Erwartete Verluste aus langfristiger Auftragsfertigung sind gemäß IAS 11 (Fertigungsaufträge) zu bilanzieren.
- Rückstellungen, die im Zusammenhang mit Ertragsteuern stehen, werden nach IAS 12 (Ertragsteuern) bilanziert.
- Rückstellungen im Zusammenhang mit Arbeitnehmervergütungen werden von IAS 19 (Leistungen an Arbeitnehmer) geregelt.
- Rückstellungen, die aus zum beizulegenden Zeitwert bilanzierten Finanzinstrumenten resultieren, werden nach IAS 39 behandelt. Handelt es sich jedoch um eine sonstige finanzielle Verbindlichkeit, die nicht zum beizulegenden Zeitwert zu bewerten ist, ist eine Rückstellung gegebenenfalls nach IAS 37 zu bilden.

- Rückstellungen für Aktienoptionen werden von IFRS 2 (anteilsbasierte Vergütung) erfasst.

- Rückstellungen, die bei Versicherungsunternehmen aus ausgegebenen Policen entstehen, fallen unter IFRS 4 (Versicherungsverträge).

Zunächst enthält IAS 37 Regelungen, die die Bildung von Rückstellungen im Allgemeinen beschreiben. Daran anschließend finden sich spezielle Anwendungsvorschriften für die Bildung von Rückstellungen im Falle belastender Verträge und Restrukturierungsmaßnahmen.

- Allgemeine Regelungen

Fall 72

Da X und Y ihre Geschäftstätigkeit erst Ende 01 aufgenommen haben, erwarten sie für das Jahr 02 Anlaufverluste von etwa 10.000 €. Sind diese bereits im Jahresabschluss der Fahrklar GmbH zum 31.12.01 zu berücksichtigen?

Für **künftige betriebliche Verluste** dürfen keine Rückstellungen gebildet werden (IAS 37.63). Sie erfüllen nicht die Definitionskriterien einer Schuld, da sie nicht auf vergangenen Ereignissen beruhen (IAS 37.10, IAS 37,14 Buchstabe (a) und IAS 37.64).

Fall 73

X und Y haben aus Zeitmangel die jährliche Instandhaltung ihrer Hebebühne für ca. 1.000 € im Jahr 02 unterlassen und planen, diese im Januar 03 nachzuholen. Wie ist dieser Sachverhalt im Jahresabschluss zum 31.12.02 der Fahrklar GmbH zu berücksichtigen?

Die im Januar 03 nachzuholende Instandhaltung wurde wirtschaftlich im Jahr 02 durch die Nutzung der Hebebühne verursacht. Eine Rückstellung ist jedoch nur anzusetzen, wenn eine gegenwärtige Verpflichtung existiert (IAS 37.14 Buchstabe (a)).

> Eine solche Verpflichtung muss immer **Dritten** gegenüber bestehen (IAS 37.20). Eine **Innenverpflichtung** ist nicht ausreichend.

Eine **Aufwandsrückstellung**, wie sie das HGB (§ 249 Satz 2 Nr. 1 HGB) kennt, kommt daher nicht in Betracht.

Fall 74

Um ihren Umsatz anzukurbeln, haben sich X und Y ohne Genehmigung als Vertragswerkstatt des bekannten Autoherstellers Volkskutsche ausgegeben. Ihre Konkurrenten sind erbost und haben im Januar 02 Klage auf Unterlassung und Schadensersatz i.H.v. 100.000 € eingereicht. X und Y gehen davon aus, dass sie den Prozess verlieren werden. Sie rechnen aber nur mit einem zu leistenden Schadensersatz i.H.v. 70.000 €. Mit einem Urteil wird Anfang 03 gerechnet. Wie ist dieser Sachverhalt im Jahresabschluss zum 31.12.02 der Fahrklar GmbH zu berücksichtigen?

Eine Rückstellung ist anzusetzen, wenn ein Unternehmen aus einem vergangenen Ereignis eine gegenwärtige rechtliche oder faktische Verpflichtung hat, ein Abfluss wirtschaftlicher Ressourcen wahrscheinlich ist und sich die Höhe der Verpflichtung zuverlässig schätzen lässt (IAS 37.14). IAS 37.15 – 26 enthalten hierzu weitere Ausführungen. Im vorliegenden Fall ist von einer passivierungspflichtigen rechtlichen Verpflichtung auszugehen. Die Rückstellungshöhe bemisst sich an der bestmöglichen Schätzung der Ausgabe, die zur Erfüllung der Verpflichtung erforderlich ist (IAS 37.36). Handelt es sich wie im vorliegenden Fall um eine einzelne Verpflichtung, stellt der Erfüllungsbetrag mit der höchsten Wahrscheinlichkeit die bestmögliche Schätzung dar (IAS 37.40). Es sind also 70.000 € als Rückstellung zu passivieren. Ob die Bildung der Rückstellung erfolgswirksam vorzunehmen ist, wird von IAS 37 **nicht geregelt** (IAS 37.8). Es ist daher auf das Rahmenkonzept oder einen anderen einschlägigen IAS bzw. IFRS zurückzugreifen. Ein IFRS-Abschluss ist gemäß dem Konzept der Periodenabgrenzung aufzustellen. Aufwendungen sind zum Zeitpunkt ihrer wirtschaftlichen Verursachung und nicht ihrer Zahlungswirksamkeit zu erfassen (F. 22, IAS 1.27 f.). Der Buchungssatz lautet daher:

sonstiger betrieblicher Aufwand	70.000	an	sonstige Rückstellungen	70.000

Fall 75

Wie Fall 74. Wie ändert sich Ihre Antwort, wenn X und Y einen zu leistenden Schadensersatz i.H.v. 50.000 € und 70.000 € für gleich wahrscheinlich halten?

Ein solcher Fall wird von IAS 37 nicht explizit geregelt. Nach der herrschenden Meinung ist der arithmetische Mittelwert der Erfüllungsbeträge der gleichwahrscheinlichen Ereignisse zu bilden. Die Rückstellung wäre folglich mit 60.000 € anzusetzen.

Fall 76

Aus Erfahrung wissen X und Y, dass im Schnitt 5 % aller Reparaturaufträge mit einem Jahr Verzögerung reklamiert werden. Um ihren guten Ruf zu wahren, beseitigen X und Y stets alle Mängel, auch wenn die gesetzliche Garantie abgelaufen ist. Eine Reklamation verursacht gewöhnlich die gleichen Kosten wie die ursprüngliche Reparatur. Im Jahr 03 betrugen die gesamten Reparaturkosten rund 400.000 €. In welcher Höhe ist eine Rückstellung im Jahresabschluss zum 31.12.03 der Fahrklar GmbH anzusetzen?

Am 31.12.03 besteht eine zu passivierende faktische Gewährleistungsverpflichtung (IAS 37.14 bis 37.26). Handelt es sich bei dem zu bewertenden Sachverhalt um eine große Anzahl ähnlicher Geschäftsvorfälle, so stellt der Erwartungswert die bestmögliche Schätzung des Erfüllungsbetrages der Rückstellung dar (IAS 37.36, IAS 37.39). Es würde sich ein Wert von [400.000 € × 5 % =] 20.000 € ergeben. Bei Wesentlichkeit ist allerdings eine generelle Abzinsungspflicht zu beachten (IAS 37.45 f.). Der angemessene Marktzins betrage 10 %. Es ist somit eine Rückstellung i.H.v. [20.000 € / 1,1 =] 18.182 € erfolgswirksam zu bilden (F. 22, IAS 1.27 f.). Falls Sie den Buchungssatz nicht selber angeben können, springen Sie schnell noch einmal zum Fall 74 zurück.

Fall 77

Im Dezember 03 haben X und Y dem Kunden K einen neuen Motor für 20.000 € eingebaut. Davon entfallen 15.000 € auf die Anschaffungskosten des Motors. Die Gewinnmarge beträgt 1.000 €. Noch im gleichen Jahr stürmt K wutschnaubend in das Büro der Fahrklar GmbH und beschwert sich, dass sein neuer Motor bereits den Geist aufgegeben habe. X und Y stellen fest, dass sie kein Verschulden trifft und der Motor selbst fehlerhaft ist. Schriftlich fordern X und Y den Motorenhersteller M auf, seiner

Garantieverpflichtung nachzukommen, kostenlos einen neuen Motor zu liefern und ihnen die restlichen 5.000 € zu erstatten. Im Januar 04 erklärt sich M schriftlich dazu bereit, der Forderung von X und Y weitestgehend nachzukommen, einen neuen Motor kostenlos zu liefern und 4.000 € an X und Y auszahlen zu wollen. Wie ist dieser Sachverhalt im Jahresabschluss der Fahrklar GmbH zum 31.12.03 zu berücksichtigen?

K hat gegenüber X und Y einen Gewährleistungsanspruch. Der Anspruch ist rückstellungspflichtig und mit 19.000 € (ohne Gewinnmarge) zu bewerten (IAS 37.14 bis 37.26, IAS 37.36, IAS 37.40). Dem steht ein von M zu erfüllender Erstattungsanspruch i.H.v. 19.000 € gegenüber. Am 31.12.03 ist die Bereitschaft des M, seiner Verpflichtung (insbesondere der Erstattung der 5.000 €) nachzukommen, noch ungewiss. Werterhellende Tatsachen (wie das Antwortschreiben des M) sind jedoch im Rahmen der Jahresabschlusserstellung zu berücksichtigen (IAS 37.16, IAS 10.8). Ist ein Erstattungsanspruch so gut wie sicher, ist er als separater Vermögenswert auszuweisen (IAS 37.53). Davon ist auszugehen.

Im Gegensatz zur bilanziellen Behandlung des Erstattungsanspruches darf in der GuV bzw. Gesamtergebnisrechnung ein Nettoausweis erfolgen (IAS 37.54). Der Buchungssatz lautet:

sonstige Vermögenswerte	19.000	an	sonstige Rückstellungen	19.000

Fall 78

Wie Fall 77. Ändert sich Ihre Antwort, wenn sich M dazu bereit erklärt, die vollen 5.000 € auszuzahlen?

Nein. Der für die Erstattung angesetzte Betrag darf die Höhe der Rückstellung nicht übersteigen (IAS 37.53 letzter Satz).

Fall 79

Wie Fall 77. Ändert sich Ihre Antwort, wenn X und Y mit K bereits bei Einbau des neuen Motors einen Haftungsausschluss der Fahrklar GmbH für die Funktionsfähigkeit des Motors vereinbart haben?

Ja. Die Fahrklar GmbH haftet nunmehr nur für die Einbaukosten des neuen Motors und darf den darüber hinaus gehenden Aufwand nicht zurückstellen (IAS 37.57). Der Erstattungsanspruch für den neuen Motor i.H.v. 15.000 € wird nicht ausgewiesen, da der Anspruch die angesetzte Rückstellung nicht übersteigen darf (IAS 37.53 letzter Satz). Der neue Buchungssatz lautet:

sonstige Vermögenswerte	4.000	an	sonstige Rückstellungen	4.000

- Belastende Verträge

Fall 80

Im Dezember 03 verpflichten sich X und Y ein Auto eines Kunden für 1.000 € zu reparieren. Noch im Dezember stellen sie fest, dass die voraussichtlichen Reparaturkosten 1.500 € (Materialeinsatz 200 €, Lohnaufwand 1.300 €) betragen werden. Das notwendige Ersatzteil befindet sich bereits im Lager der Fahrklar GmbH (Buchwert 200 €). Wie ist dieser Sachverhalt im Jahresabschluss der Fahrklar GmbH zum 31.12.03 zu berücksichtigen?

Die Verpflichtung von X und Y, das Auto für 1.000 € zu reparieren, stellt einen **belastenden Vertrag** dar (IAS 37.10). Die aus einem solchen Vertrag resultierende Belastung ist als Aufwand zu erfassen und als Rückstellung zu passivieren (IAS 37.66). Stehen Vermögenswerte mit einem belastenden Vertrag im Zusammenhang, ist der Aufwand jedoch vorrangig als Wertminderung des Vermögenswertes zu erfassen (IAS 37.69). Der Buchungssatz lautet:

			Vorräte	200
sonstiger Aufwand	500	an	sonstige Rückstellungen	300

> Beachten Sie, dass hier das Saldierungsverbot (IAS 1.32) durchbrochen wird und nur der nach der aktivischen Berücksichtigung verbleibende **Aufwandsüberschuss** zurückgestellt wird (IAS 37.69).

Fall 81

Wie Fall 80. Im Jahr 04 stellt sich heraus, dass der zur Reparatur notwendige Lohnaufwand 200 € geringer ist als erwartet. Dafür erweist sich ein anderer in 03 angenommener Reparaturauftrag ebenfalls als

Verlustgeschäft. Welche Auswirkungen haben diese Sachverhalte auf die Behandlung der Rückstellung in 04?

Rückstellungen sind **jährlich anzupassen** (IAS 37.59). Ist mit einer Inanspruchnahme nicht mehr zu rechnen, ist die entsprechende Rückstellung aufzulösen (IAS 37.59). Eine Rückstellung darf nur für Ausgaben verbraucht werden, für die sie tatsächlich gebildet wurde (IAS 37.61). Die Rückstellung darf daher nicht mit dem Verlust aus einem anderen Reparaturauftrag verrechnet werden. Die Buchungssätze lauten:

Forderungen L & L	1.000	an	Umsatzerlöse	1.000
Lohnaufwand	1.100	an	Bank	1.100
Rückstellung	300	an	sonstiger Ertrag	300

Die Buchungssätze für den zweiten verlustträchtigen Auftrag aus 04 können Sie selbst angeben, oder?

▶ Restrukturierungsmaßnahmen

Fall 82

Im Jahr 04 haben X und Y eine konkurrierende Kfz-Werkstatt aufgekauft. Ein Jahr später lässt der Gewinn der neuen Werkstatt rapide nach. X und Y beschließen, die neue Werkstatt komplett zu schließen und sämtliche Mitarbeiter zu entlassen. Noch vor Jahresende 05 teilen sie der Belegschaft und ihren Kunden in einem entsprechenden Rundschreiben die Schließung der Niederlassung mit. Den Mietvertrag der Werkstatt können X und Y kurzfristig kündigen. Die vorhandenen Maschinen und sonstigen Vermögenswerte wollen sie in ihre alte Werkstatt mitnehmen. Dabei werden Transportkosten i.H.v. 2.000€ anfallen. Die fünf Arbeitnehmer werden eine Abfindung von je 10.000 € erhalten. Wie ist dieser Sachverhalt im Jahresabschluss zum 31.12.05 der Fahrklar GmbH zu berücksichtigen?

Plant das Management eines Unternehmens eine wesentliche Änderung der vom Unternehmen abgedeckten Geschäftsfelder, so ist von einer **Restrukturierungsmaßnahme** auszugehen (IAS 37.10). Gleiches gilt, wenn die Art der Durchführung eines Geschäftes wesentlich verändert werden soll. Hierzu zählt auch die Stilllegung eines Standortes (IAS 37.70 Buchstabe (b)). Eine Restrukturierungsmaßnahme kann unter gewissen Voraussetzungen die allgemeinen Ansatzkriterien zur Bildung einer

Rückstellung erfüllen (IAS 37.71). Dazu muss ein detaillierter Plan bestehen, der den Kriterien des IAS 37.72 Buchstabe (a) genügt. Hiervon ist im vorliegenden Fall auszugehen. Außerdem muss bei den Betroffenen eine gerechtfertigte Erwartung geweckt werden, dass die Restrukturierungsmaßnahme tatsächlich durchgeführt wird (IAS 37.72 Buchstabe (b)). Dies ist durch das Rundschreiben geschehen. Anderenfalls würde es sich nicht um eine Verpflichtung Dritten gegenüber handeln und die allgemeinen Ansatzkriterien einer Rückstellung wären nicht erfüllt (IAS 37.20).

Passivierungsfähig sind jedoch nur solche Aufwendungen, die durch die Restrukturierung zwangsweise entstehen (IAS 37.80 Buchstabe (a)). Hierzu zählen die zu leistenden Abfindungen. Die Transportkosten entstehen hingegen nicht zwangsweise und sind nicht rückstellungsfähig; sie fallen vielmehr für die künftige Geschäftstätigkeit an (IAS 37.81 Buchstabe (c)). Es ist daher eine Rückstellung i.H.v. nur 50.000 € zu bilden.

2.3 Eventualschulden

Fall 83

Wie Fall 70. X und Y gehen davon aus, dass sie den Verspätungszuschlag mit einer Wahrscheinlichkeit von 70 % erlassen bekommen. Überprüfen Sie, ob Sie wirklich alle einschlägigen IFRS-Vorschriften beachtet haben!

Es handelt sich um eine gegenwärtige Verpflichtung. Ein Abfluss von Ressourcen mit wirtschaftlichem Nutzen ist jedoch nicht wahrscheinlich (< 50 %). Demzufolge ist von einer Eventualschuld auszugehen (IAS 37.10 Buchstabe (b)), die nicht angesetzt werden darf (IAS 37.27). Der Abfluss ist andererseits aber nicht gänzlich unwahrscheinlich (30 %). In einem solchen Fall sind in dem Abschluss Angaben über eine Eventualschuld zu machen (IAS 37.28 i.V.m. IAS 37.86).

Fall 84

Wie Fall 70. X und Y haben bereits eine mündliche Zusage von ihrer Sachbearbeiterin bekommen, sie werde den Verspätungszuschlag erlassen. X und Y gehen daher davon aus, dass sie den Verspätungszuschlag tatsächlich erlassen bekommen. Überprüfen Sie erneut, ob Sie wirklich alle einschlägigen IFRS-Vorschriften beachtet haben!

Wie in Fall 83 ist wieder von einer Eventualschuld auszugehen. Allerdings ist nicht jede Eventualschuld auch angabepflichtig. Ist die Wahrscheinlichkeit eines Abflusses von Ressourcen verschwindend gering, sind keine Angaben zu machen (IAS 37.28 i.V.m. IAS 37.86).

Leitsatz 19

Verpflichtungen

Gegenwärtige **Verpflichtungen** können **Eventualschulden, Rückstellungen** oder **sonstige Schulden** sein. Eine Rückstellung ist eine Schuld, die bezüglich ihrer Fälligkeit oder ihrer Höhe ungewiss ist (IAS 37.10).

Eine sonstige Schuld unterscheidet sich von Rückstellungen durch den Grad ihrer Unsicherheit (IAS 37.11). Sie sind der Höhe und der Fälligkeit nach so gut wie sicher oder sogar sicher. Sonstige Schulden kann man in finanzielle und sonstige Verbindlichkeiten unterteilen. Die bilanzielle Behandlung finanzieller Verbindlichkeiten wird vor allem in IAS 39 geregelt.

Eine Eventualschuld birgt weitaus mehr Unsicherheiten in sich als eine Rückstellung und ist grundsätzlich nicht bilanzierungsfähig (IAS 37.27). Ausnahmen ergeben sich aus IFRS 3.22 f. i.V.m. IFRS 3.10.

Künftige Verpflichtungen werden nur dann in der Bilanz ausgewiesen, wenn ein Verpflichtungsüberhang zu erwarten ist (belastende Verträge, IAS 37.66).

3 Arbeitnehmervergütungen

Die Bilanzierung von Arbeitnehmervergütungen wird von IAS 19 (Leistungen an Arbeitnehmer), IAS 26 (Bilanzierung und Berichterstattung von Altersversorgungsplänen) sowie von IFRS 2 (anteilsbasierte Vergütung) geregelt.

Zu den Leistungen an Arbeitnehmer zählen alle Arten von Vergütungen, die im Austausch gegen eine Arbeitsleistung gewährt werden (IAS 19.7).

Fall 85

Z erhält von der Y-AG, für die er seit 25 Jahren arbeitet, zu seinem Dienstjubiläum eine goldene Taschenuhr, auf der der Text „War immer treu und redlich" eingraviert ist, seine betriebsbedingte Kündigung aufgrund unvermeidbarer Umstrukturierungsmaßnahmen sowie eine Abfindung i.H.v. 1.000 € geschenkt. Sind die Uhr und das Bargeld Vergütungen im Sinne von IAS 19.7?

Es kann unterstellt werden, dass Z tatsächlich beides als Gegenleistung für seine Arbeitsleistung erhalten hat. Daher ist in diesem Zusammenhang der Gebrauch des Verbs „schenken" eigentlich unangebracht. Aus der gemeinsamen Betrachtung des IAS 19.4 und IFRS 2.1 können die Leistungen an Arbeitnehmer wie folgt unterteilt werden:

Übersicht 15: Arbeitnehmervergütungen

Vergütungen an Arbeitnehmer nach IAS 19, IAS 26 und IFRS 2

Kurzfristige Leistungen	(insbesondere) Altersversorgung	Andere langfristig fällige Leistungen	Abfindungen	Anteilsbasierte Vergütungen
IAS 19	IAS 19 IAS 26	IAS 19	IAS 19	IFRS 2

Kurzfristig fällige Leistungen an Arbeitnehmer sind Leistungen des Unternehmens an Arbeitnehmer (außer Leistungen aus Anlass der Beendigung des Arbeitsverhältnisses und anteilsbasierten Vergütungen), die innerhalb von zwölf Monaten nach Ende der Berichtsperiode, in der die entsprechende Arbeitsleistung erbracht wurde, in voller Höhe fällig sind (IAS 19.7). Hierzu gehören Löhne, Gehälter, geldwerte nichtmonetäre Leistungen (z.B. Dienstwagen oder Unterbringung, aber nicht die goldene Uhr), Sozialversicherungsbeiträge, Urlaubsgelder, Lohnvorauszahlungen, Gewinn- und Erfolgsbeteiligungen (IAS 19.8).

Zu den **Leistungen nach Beendigung des Arbeitsverhältnisses (Altersversorgung)** gehören insbesondere betriebliche Renten, Leistungen aus Lebensversicherungen und medizinische Versorgung (IAS 19.7 und

IAS 19.24). IAS 26 regelt darüber hinaus die Bilanzierung und Berichterstattung von Altersversorgungsplänen (z.B. Pensionsordnungen oder Versorgungswerke). Sie werden im Folgenden nicht behandelt.

Zu den **anderen langfristig fälligen Leistungen** an Arbeitnehmer (außer Altersversorgung, Abfindungen oder anteilsbasierten Vergütungen) gehören Leistungen, die nicht innerhalb von zwölf Monaten nach Ende der Berichtsperiode, in der die damit verbundene Arbeitsleistung erbracht wurde, in voller Höhe fällig werden (IAS 19.7). Hierzu können langfristig vergütete Dienstfreistellungen (z.B. Altersteilzeit), Jubiläumsgelder (auch die goldene Uhr) oder aufgeschobene Vergütungen zählen (IAS 19.126).

Von **Leistungen aus Anlass der Beendigung des Arbeitsverhältnisses (Abfindungen)** ist auszugehen, wenn der Arbeitgeber keine realistische Möglichkeit hat, eine Kündigung zu vermeiden, wie in Fall 85, und hierzu ein detaillierter formaler Plan vorliegt (z.B. bei Umstrukturierungen) oder wenn der Leistung ein freiwilliges vorzeitiges Ausscheiden eines Arbeitnehmers gegenübersteht (IAS 19.7, IAS 19.133 f.).

Bei **anteilsbasierten Vergütungen** hängt die Höhe der Vergütung von der Entwicklung des Unternehmenswertes ab. Ansatz- und Bewertungsfragen aber auch die detaillierten Angabepflichten sind in IFRS 2 (anteilsbasierte Vergütung) geregelt. Vom Anwendungsbereich des IFRS 2 werden grundsätzlich alle Leistungsbeziehungen erfasst, bei denen Unternehmensanteile (Aktien) oder Optionen auf Unternehmensanteile als Entgelt für Güter und / oder Dienstleistungen gewährt werden (IFRS 2.2 f.).

Damit ist die Einordnung der goldenen Taschenuhr und der Abfindung klar, oder?

3.1 Kurzfristig fällige Leistungen

Fall 86

Die X-AG ist seit dem 01.12.01 Arbeitgeberin des Y. Da Y zur Zeit der Einstellung finanzielle Schwierigkeiten hat, erklärt sich die X-AG bereit, die ersten beiden Monatsgehälter von je 2.000 € im Voraus zu zahlen. Der Vorstand der X-AG ist sich unsicher, wie er diesen Sachverhalt im Jahresabschluss zum 31.12.01 zu berücksichtigen hat. Helfen Sie ihm!

Gehälter (inklusive der Sozialversicherungsbeiträge) gehören zu den kurzfristig fälligen Leistungen an Arbeitnehmer (IAS 19.8). Die Bilanzierung derartiger Leistungen ist im Allgemeinen einfach (IAS 19.9). Zahlungen sind grundsätzlich als Aufwand zu buchen, es sei denn, ein anderer IFRS (z.B. IAS 2 oder IAS 16) gestattet oder verlangt eine Aktivierung (IAS 19.10 Buchstabe (b)). **Vorausleistungen an Arbeitnehmer** sind als Vermögenswerte zum Nennbetrag zu aktivieren (IAS 19.10 Buchstabe a)).

Es ist daher wie folgt zu buchen:

Bei Auszahlung (01.12.01):

sonstige kurzfristige Vermögenswerte	4.000	an	Bank	4.000

und zum 31.12.01:

Personalaufwand	2.000	an	sonstige kurzfristige Vermögenswerte	2.000

Entsprechendes gilt für verbleibende Ansprüche eines Arbeitnehmers. Diese sind zum Nennbetrag unter den sonstigen (kurzfristigen) Verbindlichkeiten zu passivieren (IAS 19.10 Buchstabe (a), IAS 19.9).

Damit wird der Personalaufwand in der Periode berücksichtigt, in der die Arbeitsleistung erfolgt. Vorauszahlungen werden aktiviert, ausstehende Gehälter passiviert (IAS 19.10).

IAS 19 enthält spezielle Regelungen für kurzfristig fällige Abwesenheitsvergütungen (IAS 19.11 bis 19.16) und für Gewinn- und Erfolgsbeteiligungspläne (IAS 19.17 bis 19.22). Besondere Angaben zu kurzfristig fälligen Leistungen sind nicht vorgesehen (IAS 19.23).

3.2 Leistungen nach Beendigung des Arbeitsverhältnisses

Fall 87

Y hat für die X-AG treue Dienste geleistet. Aus Dankbarkeit erklärt sich die X-AG bereit, Y eine Betriebsrente zu gewähren. Y soll ab 15 monatlich bis zum Lebensende 500 € erhalten. Der Vorstand hat gehört, dass IAS 19

Altersversorgungen für bilanzielle Zwecke in verschiedene Kategorien einteilt. Er möchte von Ihnen wissen, welcher Kategorie die Rente des Y zuzuordnen ist.

IAS 19 unterscheidet hinsichtlich der Pensionsverpflichtungen zwischen **beitrags- und leistungsorientierten Versorgungsplänen** (IAS 19.7, IAS 19.24 bis 19.42, insbesondere IAS 19.25 bis 19.27).

Im Rahmen **beitragsorientierter Pläne** zahlt der Arbeitgeber Beiträge an einen **externen Träger**. Die rechtliche oder faktische Verpflichtung eines Unternehmens ist auf den vereinbarten Beitrag zum Fonds begrenzt (IAS 19.25 Buchstabe (a)). In Deutschland zählen hierzu grundsätzlich die Direktversicherung, die Pensionskassen und die Pensionsfonds.

Im Falle **leistungsorientierter Pläne** erbringt das Unternehmen die zugesagten Leistungen selber. Das versicherungsmathematische Risiko und das Anlagerisiko liegen direkt beim Arbeitgeber (IAS 19.27 Buchstabe (b)). In Deutschland zählen hierzu vor allem die Direktzusagen und die Zusagen über Unterstützungskassen zu den Altersversorgungsplänen. In diese Kategorie fällt die Betriebsrente des Y.

- Beitragsorientierte Versorgungspläne

Die Bilanzierung **beitragsorientierter Versorgungspläne** ist verhältnismäßig einfach, da weder Bewertungsprobleme noch Haftungsrisiken vorliegen (IAS 19.43). Die Bilanzierung entspricht der Behandlung kurzfristiger Leistungen an Arbeitnehmer (IAS 19.44 i.V.m. IAS 19.10). In der Regel werden die Zahlungen aufwandswirksam. Ein Unterschied besteht nur hinsichtlich von Beiträgen, die nicht in voller Höhe innerhalb von zwölf Monaten nach Ende der Periode, in der die Arbeitnehmer die damit im Zusammenhang stehende Arbeitsleistung erbracht haben, fällig werden. Solche Beiträge sind mit dem Zinssatz erstrangiger, festverzinslicher Industrieanleihen zu diskontieren (IAS 19.45 und IAS 19.78). Der Aufwand für einen beitragsorientierten Plan ist anzugeben (IAS 19.46).

- Leistungsorientierte Versorgungspläne

Da es sich bei der Betriebsrente des Y um eine ungewisse Verbindlichkeit (bekannt ist lediglich die statistische, aber nicht die tatsächliche Lebensdauer des Y) handelt, ist eine **Rückstellung** zu bilden. Zentrales Problem ist die Bestimmung der Pensionsrückstellung der Höhe nach (IAS 19.48). Ausgangspunkt ist der Barwert der zukünftigen Pensionsverpflichtungen. Bei der Ermittlung sind versicherungsmathematische Annahmen zu berücksichtigen (IAS 19.72 – 91). Zu diskontieren ist mit dem zu erzielenden Zins erstrangiger, festverzinslicher Industrieanleihen (IAS 19.78). Einzig erlaubte Methode zur Bestimmung der Verpflichtung ist gemäß IAS 19.64 das **Anwartschaftsbarwertverfahren** (ABV). Im Gegensatz zum in Deutschland bekannten **Gleichverteilungsverfahren** fließen keine zukünftig noch abzuleistenden Dienstzeiten in die Bewertung mit ein. Das ABV geht davon aus, dass in jedem Dienstjahr ein zusätzlicher Teil des endgültigen Leistungsanspruches erdient wird, und bewertet jeden dieser Leistungsbausteine separat (IAS 19.65; Ausnahme in IAS 19.67 Satz 2). Hierbei sind erwartete künftige Gehaltssteigerungen und andere Trends zu berücksichtigen (IAS 19.83).

3.3 Andere langfristig fällige Leistungen

Fall 88

Der X-AG geht es im Jahr 02 wirtschaftlich zunehmend schlechter und ihre Liquidität sinkt. Die X-AG und Y vereinbaren, dass die Monatsgehälter für November und Dezember nur zu 60 % (2 × 2.000 € × 60 % = 2.400 €) ausgezahlt werden. Die restlichen 40 % (2 × 2.000 € × 40 % = 1.600 €) sollen erst in zwei Jahren ausgezahlt werden. Der Vorstand möchte den Personalaufwand trotzdem in gewohnter Weise im Abschluss 02 berücksichtigen. Stimmen Sie dieser Vorgehensweise zu?

Nein! Es handelt sich um eine **aufgeschobene Gehaltszahlung**, also um eine Schuld, die zu den anderen langfristig fälligen Leistungen an Arbeitnehmer zählt (IAS 19.126 Buchstabe (e)). Solche Verpflichtungen sind abzuzinsen. Zur Bewertung hat die X-AG die eben beschriebenen Regelungen zur Bilanzierung leistungsorientierter Versorgungspläne entsprechend anzuwenden (IAS 19.128).

Der maßgebende Zinssatz betrage 10 %. Der Barwert beträgt in etwa [1.600 € / $1{,}1^2$ =] 1.322 €.

Der Buchungssatz lautet:

Personalaufwand	3.722	an	Bank	2.400
			sonstige Verbindlichkeiten	1.322

Zum nächsten Stichtag wird die sonstige Verbindlichkeit erfolgswirksam aufgezinst. Spezielle Angaben werden nicht gefordert (IAS 19.131).

3.4 Abfindungen

Fall 89

Die X-AG beschäftigt außerdem seit zwei Jahren den Z. Wegen der schlechten wirtschaftlichen Lage fühlt sich der Vorstand der X-AG gezwungen, Z zu kündigen. Gegen eine Abfindung von 10.000 € mit einem Zahlungsziel von einem Monat würde dieser freiwillig gehen. Wie ist dieser Sachverhalt nach IAS 19 zu bilanzieren?

Es handelt sich um eine **Leistung aus Anlass der Beendigung des Arbeitsverhältnisses** (IAS 19.133 Buchstabe (b) und IAS 19.140).

Der Buchungssatz lautet:

Personalaufwand	10.000	an	sonstige Verbindlichkeiten	10.000

Würde die Abfindung nicht innerhalb von zwölf Monaten zu zahlen sein, wäre diese abzuzinsen (IAS 19.139).

3.5 Aktienbasierte Vergütungen

Fall 90

Der X-AG geht es mittlerweile wieder besser. Y hat sein restliches Gehalt aus Fall 88 bereits erhalten und bittet den Vorstand um eine Gehaltserhöhung. Der Vorstand ist grundsätzlich einverstanden, möchte aber die Liquidität der Gesellschaft schonen. Daher möchte er dem Y Aktienoptionen anbieten. Der Vorstand weiß aber, dass Aktienoptionen in unterschiedlichen Formen existieren. Welche würden Sie dem Vorstand empfehlen?

IFRS 2.2 unterscheidet zwischen Leistungen an Arbeitnehmer, bei denen:

- der Anspruch eingeräumt wird, vom Unternehmen ausgegebene Eigenkapitalinstrumente (z.B. Aktien) zu einem zuvor festgelegten Ausübungspreis zu erwerben (so genannte **echte Eigenkapitalinstrumente**), oder

- die Höhe der zugesagten (und in bar auszuzahlenden) Vergütung von der künftigen Kursentwicklung der vom Unternehmen ausgegebenen Eigenkapitalinstrumente abhängt (so genannte **virtuelle Eigenkapitalinstrumente**) oder

- eine **Kombination** aus den beiden genannten Grundformen vorliegt.

Da der Vorstand die Liquidität der AG schonen möchte, sollte er sich für echte Eigenkapitalinstrumente entscheiden.

- Echte Eigenkapitalinstrumente

Fall 91

Wie **Fall 90**. Y erhält Ende Oktober die Zusage, zum Jahresende für die im laufenden Jahr erbrachten Leistungen zehn Aktien zu einem Nennwert von je 40 € für einen Preis von je 50 € von der X-AG zu erwerben. Zu diesem Zeitpunkt beträgt der Marktwert der Aktien jeweils 70 €. Am 31.12. beträgt der Wert bereits 80 € pro Stück. Wie hat die X-AG diesen Sachverhalt in ihrem Abschluss zu berücksichtigen, wenn die Aktien im Wege der bedingten Kapitalerhöhung herausgegeben werden?

Die Entlohnung einer Arbeitsleistung durch Erhöhung des Eigenkapitals führt zu folgender Buchung: **Personalaufwand an Kapitalrücklage**. Insgesamt bleibt damit die Höhe des Eigenkapitals unberührt. Die Höhe des Aufwandes / der Eigenkapitalerhöhung bemisst sich am Wert der Eigenkapitalinstrumente zum Zeitpunkt der Gewährung der Option (IFRS 2.11 f.). Eigenkapitalinstrumente können für künftige und bereits erbrachte Arbeitsleistungen gewährt werden. Von bereits erbrachten Arbeitsleistungen ist auszugehen, wenn der Anspruch auf die Vergütung nicht von einer weiteren Verweildauer des Arbeitnehmers im Unternehmen abhängt (IFRS 2.14). In solchen Fällen ist der Aufwand (IFRS 2.8) / die Eigenkapitalerhöhung (IFRS 2.14) sofort zu erfassen. Dies trifft auf **Fall 91** zu. Ansonsten wäre der Wert der Eigenkapitalinstrumente pro rata temporis über den Leistungszeitraum bis zum Erreichen der Mindestverweildauer des Arbeitnehmers im Unternehmen zu verteilen (IFRS 2.15).

Die X-AG bucht daher:

Personalaufwand	700	an	Kapitalrücklagen	700
Bank	500	an	gezeichnetes Kapital	400
			Kapitalrücklagen	100

Bedenken Sie, welche ökonomische Realität sich hinter dem ersten Buchungssatz verbirgt. Denn Sie wissen ja: Rechnungswesen ist eine modellhafte Abbildung der Realität. Einfach, oder? Falls Ihnen das nicht klar ist, empfehlen wir einen Blick in „Rechnungswesen - *leicht gemacht®*“, Lektion 1.

Die Eigenkapitalbuchungen sind grundsätzlich auch dann beizubehalten, wenn der Arbeitnehmer aufgrund einer schlechten Kursentwicklung auf die Eigenkapitalinstrumente verzichten würde (IFRS 2.23).

Den Fall, dass die X-AG die (eigenen) Aktien bereits im Bestand hat bzw. sie zuerst kauft, um sie dann dem Y zukommen zu lassen, können Sie selbst lösen!

▶ Virtuelle Eigenkapitalinstrumente

Im Gegensatz zu echten Eigenkapitalinstrumenten berühren **virtuelle Eigenkapitalinstrumente** das Eigenkapital des Unternehmens nicht direkt. Mit der Gewährung entsteht lediglich eine unsichere Zahlungsverpflichtung, die durch eine Rückstellung zu berücksichtigen ist (IFRS 2.7). Die Gegenbuchung erfolgt im Personalaufwand. Die Höhe des Aufwandes bemisst sich am beizulegenden Zeitwert der von der Wertentwicklung des Unternehmens abhängigen Zahlungsverpflichtungen (IFRS 2.30).

Die zeitliche Verteilung des Aufwands erfolgt grundsätzlich analog zu den echten Eigenkapitalinstrumenten (IFRS 2.32). Die Bewertung der Verpflichtung ist jedoch nicht einmalig zum Gewährungszeitpunkt sondern jährlich durchzuführen (IFRS 2.33). Das Jahresergebnis unterliegt daher bei virtuellen Eigenkapitalinstrumenten vergleichsweise einer höheren Volatilität.

4 Latente Steuerschulden (IAS 12)

Fall 92

X ist inzwischen von der Bilanzierung nach IFRS sehr angetan. Insbesondere begeistert ihn, dass die IFRS nicht so streng an dem - wie er meint - „kleingeistigen" Realisationsprinzip deutscher Prägung kleben, sondern bei „fast" realisierten Gewinnen auch mal ein Auge zudrücken. Allerdings macht er sich Sorgen, dass damit auch „fast" realisierte Gewinne versteuert werden müssen. Zu Recht?

Bislang nicht! Während zwischen der Bilanzierung nach HGB und der steuerbilanziellen Gewinnermittlung nach EStG eine **Maßgeblichkeit** besteht (§ 5 Abs. 1 Satz 1 EStG), kennen die IFRS **keine Maßgeblichkeit der Handelsbilanz für die Steuerbilanz** und auch **keine abgeleitete Zahlungsbemessungsfunktion.** Ob dies auch langfristig so bleibt, muss X abwarten. Damit kann aber auch das Periodenergebnis (vor Ertragsteuern), das nach IFRS ausgewiesen wird, vom zu versteuernden Ergebnis abweichen.

Weiter mit Fall 92

„Das sind dann aber nur temporäre Unterschiede!", meint X. „Die gleichen sich im Zeitablauf doch wieder aus!"

Dies wird häufig tatsächlich der Fall sein. **Temporäre Differenzen** sind gemäß IAS 12.5 Unterschiede zwischen dem handelsrechtlichen und dem steuerrechtlichen Buchwert eines Vermögenswertes beziehungsweise einer Schuld. Unterschiede liegen z.B. vor, wenn ein Vermögenswert im IFRS-Abschluss anders planmäßig abgeschrieben wird als in der Steuerbilanz (andere Nutzungsdauer oder anderes Abschreibungsverfahren). Da beide Rechenwerke lediglich Ausgaben und Einnahmen unterschiedlich periodisieren, müssen sich die Unterschiede irgendwann wieder ausgleichen. So genannte quasi-temporäre Unterschiede liegen dann vor, wenn sich die Periodisierungsunterschiede nur durch eine zusätzliche Aktion des Bilanzierenden ausgleichen. Dies ist etwa bei außerplanmäßigen Abschreibungen der Fall. Die Ergebnisse beider Rechenwerke gleichen sich erst aus, wenn wieder eine Zuschreibung oder ein Verkauf und Lieferung erfolgt, der Vermögenswert durch die planmäßigen Abschreibungen vollständig abgeschrieben ist oder das Unternehmen liquidiert wird. IAS 12.16 bis 12.18 und IAS 12.26 nennen weitere Beispiele. Darüber hinaus fasst IAS 12.5 auch Vorteile aus steuerlichen Verlustvorträgen und voraussichtliche Steuergutschriften unter die Steuerlatenzen.

Da man IAS 12 auf die Unterschiede im Bilanzausweis abstellt, wird diese Vorgehensweise als **bilanzorientiert** bezeichnet. IAS 12 folgt also dem **Temporary-Konzept** in Verbindung mit der bilanzorientierten **Verbindlichkeits-Methode**. Bei dem *Temporary*-Konzept steht die Bilanz mit ihren Vermögenswerten und Schulden und nicht die GuV bzw. Gesamtergebnisrechnung im Vordergrund.

Denkbar sind aber auch permanente Differenzen, also solche, die sich nie mehr ausgleichen werden. Diese können etwa vorliegen, wenn ein Aufwand im Sinne der IFRS steuerlich nicht oder nur teilweise als Betriebsausgabe berücksichtigt werden darf (z.B. Geldstrafen aufgrund von Preiskartellen, Spenden) oder wenn ein Ertrag steuerfrei ist (z.B. steuerfreie Investitionszulagen nach dem Investitionszulagengesetz). Dann unterscheidet sich aber nicht die Bilanzierung; die Differenz ergibt sich vielmehr durch die Korrekturen außerhalb der Steuerbilanz, so dass von permanenten Differenzen auszugehen ist.

Fall 93

Die X-GmbH erzielt aus einem Auftrag, der sich über fünf Jahre erstreckt, einen Gewinn i.H.v. 5 Mio. €. Teilgewerkabnahmen wurden nicht vereinbart. Wann ist der Gewinn in der Handels- und Steuerbilanz auszuweisen?

Es kommt darauf an! In der **Steuerbilanz ist er später** (mit Abnahme des Gesamtgewerks im fünften Jahr gemäß dem strengen Realisationsprinzip des HGB, das wegen des Maßgeblichkeitsgrundsatzes auch für das Steuerrecht gilt; Completed-Contract-Methode) als im **Abschluss nach IFRS** (nach Baufortschritt; PoC-Methode) auszuweisen. Damit sind auch die Ertragsteuern später zu zahlen als dies bei Übernahme des Ergebnisses nach IFRS als Steuerbemessungsgrundlage der Fall wäre. Die X-GmbH hat somit aus Sicht der IFRS in den Geschäftsjahren, in denen steuerlich noch kein Gewinn ausgewiesen wurde, pro rata temporis eine Art ungewisse Verbindlichkeit dem Fiskus gegenüber aufgebaut, die nach fünf Jahren beglichen wird. Wird diese nicht passiviert, wird die Vermögens- und Ertragslage verzerrt. IAS 12.6 legt ausdrücklich fest, dass der

Steueraufwand sowohl den tatsächlichen Ertragsteueraufwand als auch den latenten Steueraufwand umfasst.

Fall 94

Die X-AG hat ein Periodenergebnis vor Ertragsteuern nach IFRS i.H.v. 120.000 € erzielt. Aufgrund anderer Abschreibungsverläufe in der Steuerbilanz ergeben sich Differenzen hinsichtlich der Bilanzwerte; daher beträgt das steuerliche Ergebnis 100.000 €. Im nächsten Geschäftsjahr ergeben sich die spiegelbildlichen Ergebnisse. Der Ertragsteuersatz sei in beiden Jahren 38 %. In welchem Abschluss und wie würden Sie die latenten Steuern erfassen?

Logischerweise haben die latenten Steuern in der Steuerbilanz nichts zu suchen. Die hier vorliegende **latente Steuerschuld** i.H.v. [20.000 € × 38 % =] 7.600 € wird im IFRS-Abschluss erfasst. Wenn die X-AG diese nicht bilanzieren würde, ergäbe sich eine im IFRS-Abschluss ausgewiesene Steuerquote von [38.000 € / 120.000 €=] 31,67 % und im Folgejahr eine i.H.v. [45.600 € / 100.000 € =] 45,60 %. Durch die erfolgt wirksame Passivierung der latenten Steuerschuld mit dem Buchungssatz

latenter Steueraufw.	7.600	an	latente Steuerschuld	7.600

ergibt sich eine Steuerquote von [(38.000 € + 7.600 €) / 120.000 € =]38 % und im Folgejahr durch die Auflösung des Ausgleichspostens

mit dem Buchungssatz

latente Steuerschuld	7.600	an	latenter Steuerertrag	7.600

auch eine Steuerquote von [(45.600 €. / .7.600 €) / 100.000 €=]38 %.

Analog würde dann eine **latente Steuerforderung** bestehen, wenn das steuerliche Ergebnis höher wäre als das nach IFRS und die Realisierung des latenten Steueranspruchs wahrscheinlich ist. IAS 12.15 bzw. IAS 12.24 sehen für passivische beziehungsweise für aktivische latente Steuern auf temporäre Unterschiede grundsätzlich eine Bilanzierungspflicht vor (bitte wirklich lesen!). Im Umkehrschluss dazu werden bei permanenten Unterschieden keine latenten Steuern ausgewiesen. Darüber hinaus ergeben sich einige Besonderheiten bei der Umsetzung des an Bilanzausweisunterschieden orientierten Ansatzes der latenten Steuern, wenn das

Neubewertungsmodell nach IAS 16.31 bzw. IAS 38.75 zur Anwendung kommt. Dann erfolgt auch der Ansatz latenter Steuern erfolgsneutral (IAS 12.61A); die Auflösung dagegen gegebenenfalls erfolgswirksam! Auf eine vertiefende Darstellung solcher Fälle wird aber im Rahmen der einführenden Darstellung verzichtet.

Damit sind zwei Doppelfälle zu unterscheiden:

Übersicht 16: Steuerlatenzen

	Unterschiede	
	(Quasi-)Temporär	Permanent
Bilanzvermögen nach IFRS > Steuerbilanzvermögen	Latente Steuerschuld (Pflicht)	(Verbot)
Bilanzvermögen nach IFRS < Steuerbilanzvermögen	Latente Steuerforderung (Pflicht)	

Zurück zu Fall 94

Für welchen Steuersatz würden Sie sich hinsichtlich der Bewertung der latenten Steuerschuld entscheiden, wenn in der ersten Periode der genannte (38 %) gilt, dieser aber in der zweiten Periode auf 40 % steigen wird?

Gemäß IAS 12.47 ist der Steuersatz anzuwenden, der voraussichtlich in der Periode gilt, in der die Steuerschuld erfüllt beziehungsweise der Steueranspruch realisiert wird. In unserem Fall wäre somit ein Steuersatz von 40 % anzuwenden. An dieser Stelle werfen Sie einen Blick auf IAS 12.53, der bestimmt, dass der Bilanzierende bei der Berechnung der Steuerlatenzen von der Diskontierung abzusehen hat. Nett, oder?

Durch die Anwendung von IAS 12 wird der tatsächliche Steueraufwand korrigiert, indem ein latenter Steueraufwand hinzu- oder ausgebucht wird, um eine periodengerechte Steuerabgrenzung zu erzielen.

Abschließend ist anzumerken, dass latente Steueraufwendungen beziehungsweise - erträge sowie latente Steueransprüche und Steuerschulden von den tatsächlichen getrennt anzugeben sind (IAS 12.79). Ebenso ist ein **Saldierungsverbot** für tatsächliche beziehungsweise latente Steuern vorgesehen, das durch IAS 12.71 beziehungsweise IAS 12.74 eingeschränkt wird. Durch weitere Ausweispflichten (insbesondere IAS 12.77 und IAS 12.81) ist die Darstellung der Steuerlatenzen in der Praxis mit erheblichem Aufwand verbunden.

Lektion 9: Finanzinstrumente

1 Stellenwert der IAS 32, IAS 39, IFRS 7 und IFRS 9

IAS 32, IAS 39, IFRS 7 und IFRS 9 behandeln die bilanzielle Abbildung von Finanzinstrumenten.

> Im Grundsatz regelt IAS 39 den Ansatz und die Bewertung von Finanzinstrumenten, IAS 32 die Darstellung und IFRS 7 die berichtspflichtigen Angaben. IFRS 9 (Finanzinstrumente) wiederum wurde im November 2009 als erster Schritt des IASB zur Neuregelung der Bilanzierung vom Finanzinstrumenten verabschiedet. Der neue Standard ist verpflichtend erst auf Abschlüsse für Geschäftsjahre, die nach dem 31.12.2012 beginnen, anzuwenden. Da aber noch zwei weitere Schritte folgen sollen (!), entschied sich die EU, IFRS 9 vorerst nicht in das europäische Recht zu übernehmen. Es wird allgemein erwartet, dass der IFRS 9 in der vorliegenden Form nie in Kraft treten wird! Daher wird auf IFRS 9 im Folgenden nicht eingegangen.

Die Begriffe Finanzinstrument (finanzieller Vermögenswert und finanzielle Verbindlichkeit) oder beizulegender Zeitwert werden in IAS 32.11 definiert, worauf IAS 39.8 zwecks Vermeidung von Wiederholungen verweist. Angesichts der Komplexität der Materie, die sich selbst den Fachleuten nur mit Mühe erschließt, sollen hier nur einige wesentliche Aussagen des IAS 39 skizziert werden. Welche Sachverhalte aus dem Anwendungsbereich des IAS 39 fallen, ergibt sich aus IAS 39.2.

2 Ansatz und Bewertung von Finanzinstrumenten

Eines Tages dachte unser X über die Fortentwicklung seines Unternehmens nach. Dabei fiel ihm ein, dass mit dem Kapital nicht nur er selbst, sondern auch andere arbeiten könnten. Um seine Idee umzusetzen, traf er sich mit einem Börsenmakler und nach einem langen Beratungsgespräch tätigte er seine erste Finanzanlage – den Kauf einer Aktie an einer börsennotierten A-AG – zu folgenden Konditionen: Aktienpreis: 1.000 €; Börsen- und Maklergebühr: 50 € (= 5 % des Umsatzes).

Fall 95

X hat gehört, dass IAS 39 die finanziellen Vermögenswerte und Verbindlichkeiten in Kategorien einteilt. Helfen Sie ihm bei der Zuordnung seiner neuen Aktie zu der richtigen Kategorie!

Es wäre denkbar, die Aktie von X der Kategorie *erfolgswirksame zum beizulegenden Zeitwert bewertete Finanzinstrumente* (IAS 39.9) zuzuordnen. Die Vermögenswerte und Verbindlichkeiten dieser Gruppe sind erfolgswirksam zum beizulegenden Zeitwert zu bewerten (IAS 39.45 f. i.V.m. IAS 39.55 Buchstabe (a)). Ob die von X erstandene Aktie dieser Gruppe zugeordnet werden kann, hängt davon ab, ob die hierfür einschlägigen Kriterien erfüllt sind. Entweder sind sie als zu Handelszwecken gehalten einzuordnen oder das Unternehmen übt die so genannte Fair-Value-Option aus, was nichts anderes bedeutet, als dass das Unternehmen grundsätzlich jedes Finanzinstrument dieser Gruppe unter gewissen Voraussetzungen zuordnen kann. Allerdings kann diese Option nicht rückgängig gemacht werden (IAS 39.50 Buchstabe (b)).

Damit kann X die Aktien der Untergruppe als zu **Handelszwecken** gehalten zuordnen, wenn sie mit der Absicht erworben wurden, Gewinne aus kurzfristigen Preisschwankungen zu erzielen (Spekulationsgewinne). Ist dies nicht der Fall, kann er grundsätzlich die *Fair-Value-Option* ausüben und über die Zuordnung selbst entscheiden.

Alternativ würden sie als zur Veräußerung verfügbare Wertpapiere erfasst. Als *zur Veräußerung verfügbare finanzielle Vermögenswerte* werden die Finanzvermögenswerte eingestuft, die keiner anderen Kategorie angehören (Restposten, IAS 39.9).

Darüber hinaus sieht IAS 39.9 noch zwei weitere Kategorien von finanziellen Vermögenswerten vor. Dies sind:

- *Bis zur Endfälligkeit zu haltende Finanzinvestitionen*, die durch eine feste Laufzeit und feste beziehungsweise bestimmbare Zahlungen gekennzeichnet sind. Dadurch werden von dieser Kategorie grundsätzlich ausschließlich Gläubigerpapiere erfasst.

- *Und Forderungen* sind Finanzwerte, die keine Derivate sind, durch feste oder bestimmbare Zahlungen charakterisiert werden und deren Preise nicht auf einem aktiven Markt quotiert werden und bezüglich derer nicht die *Fair-Value-Option* ausgeübt wurde.

Weiter mit Fall 95

X setzt die erworbene Aktie in der Gruppe als *erfolgswirksam zum beizulegenden Zeitwert bewerteter finanzieller Vermögenswert* an. Er bewertet sie zum Zugangszeitpunkt mit 1.000 €. Ist das richtig?

Jein! Erstens: Um der Frage der Zugangsbewertung nachzugehen, muss zuerst die Bilanzierung dem Grunde nach behandelt werden. Der Ansatz erfolgt gemäß IAS 39.14 grundsätzlich zum Zeitpunkt des Vertragsabschlusses (Handelstag) und nicht wie von X vorgenommen beim Zugang des Finanzinstrumentes (Erfüllungstag)! Zweitens: Nach IAS 39.43 sind finanzielle Vermögenswerte bei ihrer erstmaligen Erfassung mit den **Anschaffungskosten** auszuweisen, die dem beizulegenden Zeitwert der hingegebenen Leistung entsprechen. Dabei sind Transaktionskosten einzubeziehen, wenn sie direkt mit dem Vertragsabschluss in Verbindung gebracht werden können, es sei denn, es handelt sich wie bei der Aktie von X um die Kategorie *erfolgswirksam zum beizulegenden Zeitwert bewerteter finanzieller Vermögenswert*. Folglich muss bei Vertragsabschluss (!) der finanzielle Vermögenswert mit 1.000 € bewertet werden, da damit eine außerplanmäßige Abschreibung zum Abschlussstichtag vermieden wird. Der Zugang der Aktie selbst löst dann keine Konsequenzen aus. Allerdings gestattet IAS 39.38 (i.V.m. IAS 39.AG 53) die Bilanzierung zum Erfüllungstag statt, wie oben dargestellt, zum Handelstag, wenn – wie hier – ein so genannter marktüblicher Kauf vorliegt (Wahlrecht).

Welches bilanzielle Schicksal wird aber der Maklergebühr zuteil? Denken Sie darüber nach!

Immer noch Fall 95

X ist begeistert, als zum Bilanzstichtag der Börsenkurs der Aktie den Wert von 1.200 € erreicht. Ihm erscheint der Aktienausweis mit dem neuen Zeitwert sinnvoll. Wäre das richtig?

Na ja!? Bevor Sie diese Frage beantworten, werfen Sie unbedingt einen Blick in IAS 39.45! Nach IAS 39.46 sind finanzielle Vermögenswerte grundsätzlich [ausgenommen die dort genannten Kategorien, die mit **fortgeführten Anschaffungskosten** bewertet werden] nach ihrer erstmaligen Erfassung mit ihrem **beizulegenden Zeitwert** anzusetzen.

Die IFRS interpretieren das Realisationsprinzip hier also sehr weit, da der realisierte Gewinn durch einen **realisierbaren Gewinn** ersetzt wird. Dies ist möglich, weil dem IFRS-Abschluss **keine Zahlungsbemessungsfunktion** zukommt.

Und immer noch Fall 95

„Na toll!“, denkt sich unser X. „Und was wäre, wenn sich der aktuelle Zeitwert nicht einfach ermitteln ließe, etwa weil der Vermögenswert nicht notiert oder der Handel ausgesetzt ist?“

Von dem Zeitwertansatz wird zugunsten der Bilanzierung zu Anschaffungskosten abgewichen, falls sich der beizulegende Zeitwert nicht verlässlich ermitteln lässt (IAS 39.46 Buchstabe (c)). Das kann z.B. Anteile an einer GmbH oder an einer Personengesellschaft betreffen.

Bei der Bilanzierung zu fortgeführten Anschaffungskosten sind die Wertminderungen einer jeweiligen Finanzinvestition aufgrund des Werthaltigkeitstests zu prüfen und gegebenenfalls erfolgswirksam auszuweisen; die IAS sehen auch eine Zuschreibungspflicht vor (vgl. dazu IAS 39.46 i.V.m. IAS 39.58 bis 39.70).

Immer noch Fall 95

X zieht vom Börsenkurs (1.200 €) 5 % Börsen- und Maklergebühr ab. Dies ergibt den aktuellen Bilanzwert der Aktie i.H.v. 1.140 €. Ist das richtig?

Nein! Nach IAS 39.46 sind bei der Folgeermittlung des beizulegenden Zeitwerts die zukünftig anfallenden Transaktionskosten nicht zu berücksichtigen. Der neue Bilanzwert beträgt also 1.200 €.

Weiterhin Fall 95

X fasst seine Erkenntnisse zusammen. Die **Informationsfunktion** eines IFRS-Abschlusses wird erfüllt, indem die Aktie auf ihren neuen beizulegenden Zeitwert erfolgswirksam zugeschrieben wird. Ist die Buchung „Aktie 200 an finanzieller Ertrag 200“ also richtig?

Ja! Nach IAS 39.55 Buchstabe (a) sind alle – d.h. auch negativen – Wertänderungen erfolgswirksam zu erfassen (wie der Name der Kategorie *erfolgswirksam zum beizulegenden Zeitwert bewerteter finanzieller Vermögenswert* bereits andeutet).

Und immer noch Fall 95

X fragt sich, ob sich bei der Einordnung der erworbenen Aktie in die Kategorie zur *Veräußerung verfügbaren finanzielle Vermögenswerte* das gleiche Ergebnis eingestellt hätte. Hat er Recht?

Nicht ganz! Der Bilanzausweis des Finanzinstruments richtet sich - wie bereits ausgeführt - nach ihrer Zuordnung zu einer der möglichen Kategorien. Die Aktie hätte also in der Bilanz unter den zur Veräußerung verfügbaren Vermögenswerten stehen müssen, wenn er sie nicht zum Handel gekauft und auch nicht die Option zur Marktwertbewertung ausgeübt hätte. Ihre erstmalige Bewertung hätte der oben dargestellten aufgrund der Einbeziehungspflicht nach IAS 39.43 für die angefallenen Transaktionskosten nicht entsprochen (1.000 € + 50 € = 1.050 €). Obwohl die Folgebewertung mit dem beizulegenden Zeitwert auch die Kategorie *zur Veräußerung verfügbaren finanzielle Vermögenswerte* betrifft, hätten sich Unterschiede ergeben, selbst wenn die Wertänderungen der Aktie erfolgswirksam behandelt worden wären.

IAS 39.55 Buchstabe (b) gibt dem Bilanzierenden vor, die Wertänderungen der zur Veräußerung verfügbaren Wertpapiere **erfolgsneutral** zu behandeln (d.h. im sonstigen Ergebnis zu erfassen und in einer gesonderten Neubewertungsrücklage zu kumulieren). Damit ist die Antwort geliefert.

Und der Buchungssatz folgt sogleich:

Aktie	150	an	NB-Rücklage	150

Fall 96

Die Pflicht zur erfolgsneutralen Abgrenzung von Wertänderungen der zur Veräußerung verfügbaren Wertpapiere sieht X mit Misstrauen. Daraus ergibt sich, dass auch Verluste keinen Niederschlag in der GuV-Rechnung finden. Stimmt das?

Zum Teil! Sie werden tatsächlich erfolgsneutral im Eigenkapital ausgewiesen. Dies gilt jedoch nach IAS 39.55 Buchstabe (b) nur solange, bis für das betroffene Wertpapier tatsächlich eine Wertminderung oder Uneinbringlichkeit eintritt beziehungsweise dieses Finanzinstrument abgegangen ist (bitte unbedingt IAS 39.67 bis 39.68 i.V.m. IAS 39.59, 61 lesen!). Tritt einer dieser Umstände auf, sind die bisher im Eigenkapital erfassten Änderungen in der GuV (d.h. ergebniswirksam) auszuweisen. Kehrt sich später die Situation um, ist gemäß IAS 39.70 eine Wertaufholung ergebniswirksam durchzuführen, wenn es sich um ein Schuldpapier handelt. Handelt es sich dagegen um Eigenkapitaltitel, ist eine ergebniswirksame Wertaufholung wegen IAS 39.69 nicht möglich.

Noch Fall 96

„Das ist doch Quatsch!", denkt X. „Wenn der Börsenkurs sinkt, ist doch bereits eine Wertminderung eingetreten, die ich zunächst erfolgsneutral (im sonstigen Ergebnis) buchen darf. Was bedeutet dann, dass später tatsächlich eine Wertminderung eintritt, die ergeniswirksam umgebucht werden muss?"

IAS 39.59 und 39.61 zählen Sachverhalte auf, die objektive substanzielle Hinweise auf eine solche tatsächliche Wertminderung geben. Die Beispiele zeigen, dass es sich hierbei um Ereignisse handelt, die unmittelbar das Unternehmen betreffen (z.B. hohe Wahrscheinlichkeit eines Insolvenzverfahrens oder Sanierungsbedarfs des Emittenten) und nicht lediglich durch externe Effekte (z.B. allgemeines Sinken des Börsenkurses, weil der amerikanische Notenbankchef eine leichte Grippe hat).

Fall 97

X verkauft seine Aktie, als sie den Wert von 1.500 € erreicht, in bar. Die angefallenen Transaktionskosten (75 €) zahlt er erst einige Tage später. Dem Zugang von liquiden Mitteln (1.500 €) stellt X das Ausbuchen der Aktie (Anschaffungskosten 1.050 €; Buchwert 1.200 €) und Ausweis eines finanziellen Ertrages (300 €) gegenüber. Die Transaktionskosten behandelt er aufwandswirksam. Ist das richtig?

Aber natürlich! Die bis zum Bilanzstichtag vollzogene Wertentwicklung der Aktie wurde bereits erfolgswirksam behandelt, sodass nur die nachfolgende Werterhöhung erfolgswirksam auszuweisen ist. Die aufwandswirksame Erfassung von Transaktionskosten (Vertriebskosten!) zum Zeitpunkt ihrer wirtschaftlichen Verursachung entsprechend dem **Aufwandsrealisationsprinzip**, nach dem Ausgaben als Aufwand der Abrechnungsperiode zuzurechnen sind, in der die ihnen sachlich zuzuordnenden Erträge realisiert werden (F. 94 f.).

Lektion 10: Leasingverhältnisse (IAS 17)

Fall 98

X trifft sich mit seinem besten Freund im „Philosuff“ auf eine Tasse Bier und etwas Billard. Zu fortgeschrittener Stunde prahlt dieser, dass seit kurzem sein Unternehmen Vermögenswerte nur noch lease, weil man das jetzt eben so mache. Außerdem sei Sale-and-Leaseback überhaupt der letzte Managementschrei. X versteht die Ausführungen nur begrenzt. Möglicherweise wäre dies anders, wenn er auf das eine oder andere Pils verzichtet hätte. Können Sie erklären, was Leasing ist?

> **Leasing** ist ein Geschäft, das Elemente eines Ratenkaufs und einer Miete enthält. Das **Finanzierungsleasing** entspricht im Grunde dem Ratenkauf.

Der Käufer, der Leasingnehmer (LN) erwirbt das wirtschaftliche Eigentum am Vermögenswert (bitte IAS 17.7 bis 17.8 lesen). Die Zahlung erfolgt aber erst nach dem Verschaffen der Verfügungsmacht; deswegen trifft ein Vergleich mit einem Kreditkauf, bei dem auch das rechtliche Eigentum übertragen wird, zu.

> Beim **operativen Leasing**, das eher der Miete entspricht, bleibt der Leasinggegenstand hingegen im wirtschaftlichen Eigentum des Leasinggebers (LG).

Das praktische Problem ist nun, dass in der Regel Leasingverträge Elemente beider Vertragsformen enthalten. Deshalb muss der Bilanzierende im Einzelfall entscheiden, welche Leasingform gegeben ist und damit welche Bilanzierung zu erfolgen hat. Dies regelt IAS 17. Wie aus dem Gesagten ersichtlich, ist die Frage des Übergangs des wirtschaftlichen Eigentums entscheidend.

Weiter mit Fall 98

„Stopp!“, grölt unser X. „Was *Sale-and-Leaseback* ist, habt Ihr mir aber noch nicht gesagt!“

Stimmt. Das kommt später. Die in IAS 17 geregelte Bilanzierung von Leasingverhältnissen zählt aufgrund der vielfältigen Gestaltungsmöglichkeiten dieser Finanzierungsform zu den komplexesten Fragestellungen internationaler Bilanzierung. Deswegen der Reihe nach.

Zur näheren Konkretisierung des Unterscheidungsmerkmals des **wirtschaftlichen Eigentümers** geben IAS 17.10 bis 17.11 dem Bilanzierenden verschiedene Beispielsfälle und Indikatoren an die Hand. Worin allerdings für die IFRS der Unterschied zwischen Beispielen und Indikatoren besteht, bleibt dort nebulös. Für das Vorliegen eines Finanzierungsleasings sprechen demnach insbesondere ein vorher vereinbarter Eigentumsübergang, eine für den LN vorteilhafte Kaufoption, eine im Vergleich zur Nutzungsdauer lange Grundmietzeit, ein im Vergleich zum Marktwert des Leasinggegenstandes niedriger Barwert der vom LN zu leistenden Leasingzahlungen oder die auf den LN zugeschnittene Beschaffenheit des Leasinggegenstandes.

Neben dieser grundsätzlichen Differenzierung enthält IAS 17 auch Vorschriften bezüglich zweier Spezialfälle von Finanzierungs- oder operativen Leasingverhältnissen:

- Beim so genannten Händler-/Herstellerleasing treten Hersteller oder Händler von Leasinggegenständen selbst als LG auf, häufig um den Absatz ihrer Produkte zu fördern (IAS 17.42 bis 17.46).
- Bei *Sale-and-Leaseback*-Transaktionen dagegen veräußert der LN zunächst den Leasinggegenstand an den LG, um ihn dann im Rahmen einer Leasingvereinbarung zu nutzen (IAS 17.58 bis 17.66).

1 Bilanzierung des Finanzierungsleasings

Wird ein Leasingverhältnis als Finanzierungsleasing klassifiziert, das wirtschaftliche Eigentum am Leasinggegenstand liegt also beim LN, erfolgt die bilanzielle Behandlung ähnlich der des fremdfinanzierten Erwerbs (Ratenkauf) eines Vermögenswertes.

1.1 Bilanzierung beim Leasinggeber

Das Leasinggut taucht nicht in der Bilanz des LG auf, sondern er aktiviert stattdessen in seiner Bilanz eine Forderung (IAS 17.36) in Höhe des Barwerts der vom LN zu leistenden Mindestleasingzahlungen, die sich aus den Leasingraten und dem zum Vertragsende garantierten Restwert des Leasinggegenstandes zusammensetzen. Erwartet der LG einen über den garantierten Restwert hinausgehenden Betrag, ist auch der Barwert dieses nicht garantierten Restwertes in die Forderung mit einzubeziehen. Als Diskontierungssatz kommt dabei der interne Zinsfuß zur Anwendung (IAS 17.44 i.V.m. IAS 17.4).

Fall 99

X hat am 01.01.01 einen Vermögenswert angeschafft (AHK = 1.000 €) und schließt als LG noch am gleichen Tag mit Y einen Finanzierungsleasingvertrag über zwei Jahre gegen jährliche Leasingraten i.H.v. 550 € ab. Der Vermögenswert geht am Ende des Leasingzeitraumes gegen eine von Y zugesicherte Zahlung i.H.v. 100 € in dessen Eigentum über. Wie hat X den Vorgang zu Vertragsbeginn in seinem Jahresabschluss zu berücksichtigen?

Die Mindestleasingzahlungen betragen 1.200 €; der beizulegende Zeitwert des Vermögenswertes 1.000 €. Der interne Zinsfuß des Leasingverhältnisses beträgt somit 12,7 %. X aktiviert demnach eine Forderung i.H.v. 1.000 € und bucht den zuvor angeschafften Vermögenswert aus:

Vermögenswert	1.000	an	Bank	1.000
Forderung	1.000	an	Vermögenswert	1.000

Die in den vom LG erwarteten Leasingzahlungen (Mindestleasingzahlungen zuzüglich des nicht garantierten Restwerts) enthaltenen Finanzerträge sind dann über die Vertragslaufzeit zu verteilen und ertragswirksam auszuweisen, sodass sich eine konstante Verzinsung der noch ausstehenden Forderung ergibt (IAS 17.40). Auch die dem LG bei Abschluss des Leasingvertrages entstandenen, dem Leasingverhältnis direkt zurechenbaren Ausgaben wie Provisionen und Rechtsberatungskosten müssen, analog der ertragswirksamen Erfassung der Finanzierungserträge, über die Laufzeit des Leasingverhältnisses aufwandswirksam verteilt werden (IAS 17.38). Für X bedeutet dies, dass er zum 31.12.01 einen Finanzertrag i.H.v. [1.000 € × 12,7 % =] 127 € realisiert. Die Forderung vermindert sich um 423 €. Zum 31.12.02 realisiert X entsprechend einen Finanzertrag i.H.v. 73 €.

31.12.01:

Bank	550	an	Forderung	423
			Finanzertrag	127

31.12.02:

Bank	650	an	Forderung	577
			Finanzertrag	73

Insgesamt werden die Leasingzahlungen beim LG wie Tilgungs- und Zinszahlungen des LN behandelt (IAS 17.25).

Darüber hinaus ist ein im Forderungsbetrag eventuell enthaltener nicht garantierter Teil des erwarteten Restwertes jährlich auf seine Werthaltigkeit zu überprüfen. Ist von einer dauerhaften Wertminderung auszugehen, so hat der LG die noch zu verteilenden Finanzerträge an den gesunkenen nicht garantierten Restwert anzupassen und die damit verbundenen bereits realisierten Finanzerträge entsprechend der Wertminderung aufwandswirksam zu korrigieren (IAS 17.41).

Die Besonderheit des Hersteller-/Händlerleasings besteht im Falle des Finanzierungsleasings gemäß IAS 17.43 darin, dass sich der Erfolg beim LG nicht nur aus der Finanzdienstleistung ergibt, sondern vielmehr auch ein Erfolg zu berücksichtigen ist, wie er sich aus einem gewöhnlichen Verkaufsgeschäft ohne die Finanzierung ergeben würde.

Dementsprechend ist zu Beginn der Leasingvereinbarung in der GuV-Rechnung bzw. Gesamtergebnisrechnung des LG ein Ertrag aus dem Verkaufsgeschäft in Höhe des Minimums aus Zeitwert des Vermögenswertes und Barwert der vom LN zu leistenden Mindestleasingzahlungen bei den Umsatzerlösen auszuweisen und dem Verkaufsaufwand in Höhe des Minimums aus AHK und Buchwert des Leasinggegenstandes abzüglich des nicht garantierten Restwertes gegenüberzustellen. Dabei ist gemäß IAS 17.44 bis 17.45, unabhängig von dem der Leasingvereinbarung zu Grunde liegenden, häufig niedrigeren Zinssatz, vom Marktzinssatz auszugehen. Auch die direkt zurechenbaren Ausgaben sind im Fall eines Hersteller- / Händlerleasings dem Verkaufsgeschäft zuzuordnen und daher ebenfalls zu Beginn des Leasinggeschäftes aufwandswirksam zu erfassen (IAS 17.46).

Fall 100

Wie Fall 99, allerdings ist X als LG nun auch Händler. Die vereinbarten Leasingraten betragen ebenfalls 550 € jährlich, jedoch verpflichtet sich Y zu einer Restzahlung bei Ablauf des Leasingvertrages i.H.v. 400 €. Den Verkaufspreis des Vermögenswertes veranschlagt X üblicherweise mit 1.300 €. Der Marktzins beträgt 10 %. Wie ist nun zu bilanzieren?

Der beizulegende Zeitwert des Vermögenswertes beträgt 1.300 €; der Barwert der Mindestleasingzahlungen 1.285 €. X erfasst Erlöse aus Warenverkauf i.H.v. 1.285 € und stellt diese den AHK i.H.v. 1.000 € gegenüber:

01.01.01:				
Warenbestand	1.000	an	Bank	1.000
Wareneinsatz	1.000	an	Warenbestand	1.000
Forderung	1.285	an	Warenverkauf	1.285
31.12.01:				
Bank	550	an	Forderung	421
			Finanzertrag	129
31.12.02:				
Bank	950	an	Forderung	864
			Finanzertrag	86

Daneben fordert IAS 17.47 zusätzliche, über die Anforderungen des IFRS 7 hinausgehende, Anhangangaben bezüglich des Finanzierungsleasingverhältnisses.

1.2 Bilanzierung beim Leasingnehmer

Korrespondierend zur Ausbuchung beim LG hat der LN als wirtschaftlicher Eigentümer des Leasinggegenstandes diesen zu Beginn des Leasingverhältnisses in seiner Bilanz in Höhe des Minimums aus Zeitwert des Leasingobjektes und Barwert der Mindestleasingzahlungen zuzüglich der anfänglichen, dem Leasingverhältnis direkt zurechenbaren Ausgaben zu aktivieren (IAS 17.20). Der Diskontierungssatz entspricht dabei dem internen Zinsfuß des LG oder, da dieser in der Regel nicht bekannt ist, dem Zinssatz für eine vergleichbare Finanzierungsform des Leasingnehmers (IAS 17.20). Darüber hinaus ist gemäß IAS 17.20 in gleicher Höhe eine

Verbindlichkeit „für künftige Leasingzahlungen“ auf der Passivsseite der Bilanz auszuweisen.

Zurück zu Fall 99

Y kennt aus geheimer Quelle den internen Zinsfuß des X. Wie bildet Y das Leasinggeschäft bilanziell ab?

Y aktiviert zunächst den Vermögenswert mit 1.000 € und stellt ihm eine Verbindlichkeit in gleicher Höhe gegenüber:

01.01.01:

Vermögenswert	1.000	an	Verbindlichkeit	1.000

Im Rahmen der Folgebewertung hat der LN das Leasingobjekt unter Beachtung der entsprechenden, in IAS 16 beziehungsweise IAS 38 normierten Grundsätze planmäßig über seine Nutzungsdauer oder, bei einem nicht gesicherten Eigentumsübergang am Ende des Leasingverhältnisses, über das Minimum aus Vertragslaufzeit und Nutzungsdauer abzuschreiben (IAS 17.27 bis 17.28). Des Weiteren ist das Leasingobjekt jährlich auf seine Werthaltigkeit hin zu überprüfen. Wird ein Wertminderungsbedarf nach den Grundsätzen des IAS 36 festgestellt, ist dieser in Form einer außerplanmäßigen Abschreibung aufwandswirksam zu erfassen (IAS 17.30). Besonderheiten ergeben sich, wenn bei der Bewertung des geleasten Vermögenswertes die Neubewertung nach dem Neubewertungsmodell des IAS 16.31 beziehungsweise IAS 38.75 angewandt werden sollte (siehe dazu weiter oben).

Darüber hinaus sind die in den Leasingzahlungen enthaltenen Finanzierungsaufwendungen, die sich aus der Differenz zwischen dem jährlich zu ermittelnden Barwert der Mindestleasingzahlungen beziehungsweise dem beizulegenden Wert des Leasingobjektes zuzüglich der direkt zurechenbaren Ausgaben und der anfänglich passivierten Verbindlichkeit ergeben, gemäß IAS 17.25 über die Vertragslaufzeit aufwandswirksam auszuweisen, so dass sich eine konstante Verzinsung der noch ausstehenden Verbindlichkeit ergibt. Für die auf diese Weise zu erfolgende Splittung der Leasingraten in einen erfolgsneutral zu behandelnden Tilgungs- und erfolgswirksam zu behandelnden Zinsanteil können vereinfachte Verfahren wie die **Zinsstaffelmethode** angewandt werden.

Die Erfassung der Leasingraten bei Y erfolgt analog zu der Bilanzierung bei X. Buchungstechnisch ergibt sich Folgendes:

31.12.01:

Verbindlichkeit	423	an	Bank	550
Finanzierungsaufwand	127			

31.12.02:

Verbindlichkeit	577			
Finanzierungsaufwand	73	an	Bank	650

Wie ersichtlich werden nicht die Leasingzahlungen selbst, sondern der Finanzierungsaufwand und die (außer-)planmäßigen Abschreibungen im Abschluss des LN erfolgswirksam erfasst. Daraus folgt, dass regelmäßig die Leasingzahlungen nicht dem erfassten Aufwand entsprechen, somit der aktivierte Vermögenswert einerseits und die passivierte Verbindlichkeit auf der anderen Seite sich im Verlauf des Leasingverhältnisses betragsmäßig unterschiedlich entwickeln (IAS 17.29).

Zurück zum Fall 98

X wird langsam unruhig, weil er noch immer nichts über die Bilanzierung des *Sale-and-Leaseback* weiß.

> Die Besonderheit einer *Sale-and-Leaseback*-Transaktion besteht darin, dass der LN den Leasinggegenstand zuvor an den LG veräußert.

Es handelt sich also um eine Finanzierung seitens des LG mit dem Leasingobjekt als Sicherheit (IAS 17.60). Dementsprechend ist ein durch den LN erzielter Veräußerungserfolg, der sich aus der Differenz zwischen Buchwert und Verkaufserlös ergibt, nicht im Zeitpunkt des Verkaufs zu erfassen, sondern passiv abzugrenzen und erfolgswirksam über die Laufzeit der Leasingvereinbarung zu verteilen (IAS 17.60).

Fall 101

Wie Fall 99, aber Y hat den Vermögenswert (Buchwert zu diesem Zeitpunkt: 800 €) aufgrund eines Liquiditätsengpasses zuvor an X für 1.000 € veräußert. Bilden Sie bitte die zusätzlichen Buchungen.

01.01.01:				
Bank	1.000	an	Vermögenswert	800
			sonst.Verbindlichkeit	200
31.12.01:				
sonst. Verbindlichkeit	100	an	Ertrag	100
31.12.02:				
sonst. Verbindlichkeit	100	an	Ertrag	100

Weiter Fall 101

Hätten Sie die Periodenabgrenzung auch so vorgenommen?

Nach dem HGB werden *Sale-and-Leaseback*-Transaktionen i.d.R. als Veräußerung mit entsprechender Gewinnrealisierung behandelt. Damit erübrigt sich diese Frage. Ansonsten könnte § 250 Abs. 2 HGB, der einen passiven Rechnungsabgrenzungsposten (pRAP) vorsieht, in Frage kommen.

Da den IFRS die Position der Rechnungsabgrenzungsposten fremd ist, erfolgt die Periodenabgrenzung hier über sonstige Verbindlichkeiten, obwohl keine Verbindlichkeit im Sinne des F. 49 Buchstabe (b) vorliegt; der IAS 17 geht jedoch dem Rahmenkonzept vor (F. 2). Eleganter wäre es jedoch, einen neuen speziellen Posten (z.B. einen passiven Abgrenzungsposten) um der Klarheit willen vorzusehen.

Hinsichtlich der Leasingvereinbarung sind gemäß IAS 17.31 umfangreiche Angaben im Anhang zu machen.

2 Bilanzierung des operativen Leasings

Im Gegensatz zum Finanzierungsleasing bleibt bei einem operativen Leasingverhältnis der LG wirtschaftlicher Eigentümer des Leasingobjektes. Die bilanzielle Behandlung des operativen Leasings ist daher mit der eines Mietverhältnisses vergleichbar.

2.1 Bilanzierung beim Leasinggeber

Entsprechend dem wirtschaftlichen Eigentum hat der LG das Leasingobjekt in seiner Bilanz zu aktivieren und in Übereinstimmung mit den

Bilanzierungsgrundsätzen der IAS 16, IAS 38 und IAS 36 zu bewerten (IAS 17.49 i.V.m. IAS 17.53 bis 17.54). Außerdem sind die vom LN geleisteten Zahlungen als Leasingerträge sowie die anfänglichen, dem Leasingverhältnis direkt zuordenbaren Ausgaben des LG als Leasingaufwendungen planmäßig über die Vertragslaufzeit entsprechend dem Werteverzehr des Leasingobjektes und unabhängig von den tatsächlichen Einnahmen erfolgswirksam zu erfassen (IAS 17.50, 17.52 und SIC-15.3 f.). Unterschiedsbeträge zwischen den Einnahmen und Erträgen sind dabei aktivisch durch eine sonstige Forderung beziehungsweise passivisch mit Hilfe einer sonstigen Verbindlichkeit abzugrenzen.

Fall 102

X konnte sich ein Schnäppchen nicht entgehen lassen und hat am 01.01.01 einen Vermögenswert angeschafft (AHK = 1.000 €; ND = Fünf Jahre). Da er diesen aber vor dem 01.01.03 nicht benötigt, schließt er noch am gleichen Tag mit Y einen Leasingvertrag über zwei Jahre ab. Die Leasingraten betragen im ersten Jahr 200 € und im zweiten Jahr 300 €. Wie hat X dies zu buchen?

X aktiviert den Vermögenswert und schreibt ihn planmäßig ab:

01.01.01:

Vermögenswert	1.000	an	Bank	1.000

31.12.01 bis 31.12.05:

Abschreibung	200	an	Vermögenswert	200

Darüber hinaus vereinnahmt er die Leasingerträge entsprechend der linearen Abschreibung:

31.12.01:

Bank	200			
sonst. Forderung	50	an	Leasingerträge	250

31.12.02:

Bank	300	an	Leasingerträge	250
			sonst. Forderung	50

Im Endergebnis wird ein Gleichlauf der Verrechnung des Abschreibungsaufwandes mit der Vereinnahmung der Leasingerträge erzielt. IAS 17.56 verpflichtet den LG darüber hinaus zu detaillierten Angaben bezüglich des Leasingvertrages im Anhang.

2.2 Bilanzierung beim Leasingnehmer

Der LN hat in seinem Abschluss lediglich die Leasingzahlungen aufwandswirksam zu erfassen. Die Verteilung dieser Aufwendungen, die um eventuell gewährte Anreize seitens des LG zu kürzen sind, erfolgt wie beim LG unabhängig von den Ausgaben, entsprechend dem zeitlichen Nutzenverlauf des Leasinggegenstandes (IAS 17.33 bis 17.34 und SIC-5.5 f.).

Weiter mit Fall 102

Welche bilanziellen Konsequenzen ergeben sich bei Y?

Die Buchung bei Y (LN) erfolgt analog zu der bei X:

31.12.01:

Leasingaufwand	250	an	Bank	200
			sonst. Verbindlichkeit	50

31.12.02:

Leasingaufwand	250			
sonst. Verbindlichkeit	50	an	Bank	300

Wird das operative Leasingverhältnis im Rahmen einer *Sale-and-leaseback*-Transaktion durchgeführt, ist die Behandlung des beim Verkauf entstehenden Veräußerungserfolgs davon abhängig, ob dem *Sale-and-leaseback*-Geschäft der beizulegende Zeitwert des Leasinggegenstandes zu Grunde liegt. Beruhen sowohl der Veräußerungserlös als auch die Leasingzahlungen auf dem beizulegenden Zeitwert des Leasingobjektes, handelt es sich um ein gewöhnliches Veräußerungsgeschäft mit der Folge, dass der Veräußerungserfolg beim LN sofort erfolgswirksam erfasst wird (IAS 17.62).

Liegt der Veräußerungserlös unter dem beizulegenden Zeitwert des Leasingobjektes und steht diesem Nachteil ein Vorteil aus späteren, unter dem Marktwert liegenden Leasingzahlungen entgegen, wird der Veräußerungsverlust über die Laufzeit des Leasingverhältnisses erfolgswirksam verteilt. Erfolgt dagegen keine Kompensation über geringere Leasingzahlungen, ist der Veräußerungsverlust schon beim Verkauf des Leasingobjekts an den LG in der GuV des LN zu erfassen. Letzteres hat auch im Falle eines Buchgewinns aus dem Verkauf zu erfolgen, der somit immer sofort vereinnahmt wird (IAS 17.61).

Übersteigt der Veräußerungserlös dagegen den beizulegenden Zeitwert des Leasinggegenstandes, ist lediglich die Differenz zwischen diesen beiden Werten über die Laufzeit der Leasingvereinbarung erfolgswirksam zu verteilen; der Veräußerungserfolg, der sich aus dem Unterschiedsbetrag zwischen dem Buchwert und dem Zeitwert des Leasingobjektes ergibt, wird sofort erfolgswirksam erfasst (IAS 17.61). Damit wird sichergestellt, dass nur der marktübliche Gewinn sofort realisiert wird. Bei dem darüber hinausgehenden Gewinnteil wird unterstellt, dass es sich um eine implizite Anpassung der (an sich zu hohen und in der Regel steuerlich motivierten) Leasingraten handelt. Damit weist diese Behandlung eine Ähnlichkeit mit einem Agio bei einem Kreditvertrag auf, das im HGB über einen pRAP verteilt wird, statt eine unrealisierte Gewinnvereinnahmung vorzunehmen.

Abschließend ist auf die auch hier umfangreichen Angabenpflichten bezüglich der Leasingvereinbarung im Anhang hinzuweisen (IAS 17.35 i.V.m. IAS 17.65).

Leitsatz 20

Leasing

Leasing ist ein Geschäft, das Elemente eines Ratenkaufs und einer Miete enthält. Das **Finanzierungsleasing** entspricht im Grunde dem Ratenkauf. Das **operative Leasing** entspricht eher der Miete. IAS 17 stellt für die bilanzielle Abbildung von Leasingverhältnissen auf das wirtschaftliche Eigentum ab.

Gehen sämtliche Chancen und Risiken im Zusammenhang mit dem Leasinggegenstand und damit das wirtschaftliche Eigentum auf den LN über, handelt es sich um eine Form des Finanzierungsleasings mit der Folge, dass das Leasingverhältnis entsprechend einem fremdfinanzierten Erwerb des Leasinggegenstandes bilanziert wird.

Bleibt jedoch der LG wirtschaftlicher Eigentümer des Leasingobjekts, liegt operatives Leasing vor, was dazu führt, dass die Leasingvereinbarung wie ein Mietverhältnis bilanziert wird.

Es bestehen spezielle Vorschriften für Hersteller und Händler als LG im Rahmen des Finanzierungsleasings.

Darüber hinaus hat das IASB die bilanzielle Abbildung der Sale-and-Leaseback-Transaktionen je nachdem geregelt, ob es im Zusammenhang mit dem Verkauf des Leasingsgutes zu einem Finanzierungsleasing oder zu einem operativen Leasing kommt. Umfangreiche Angabepflichten sichern die bilanzielle Darstellung der Leasingverhältnisse ab. Ob sie je von den Abschlussadressaten gelesen werden, ist eine andere Frage ...

Glossar Deutsch / Englisch

Deutsch	Englisch
A	
Abschreibungsverfahren	depreciation method
Abschreibungsvolumen	depreciation amount
Aktie	share
Aktienoption	share option
als Finanzinvestition gehaltene Immobilien	investment property
andere Aufwendungen	losses
andere Erträge	gains
Anhang	notes
Ansatzkriterien	recognition criteria
Anschaffungskosten	acquisition cost / costs of purchase
Anschaffungskostenmodell	cost model
Anschaffungsnebenkosten	incidental charges
Anschaffungspreis	purchase price
Anschaffungspreisminderungen	reductions
Anteilskauf	share deal
assoziierte Unternehmen	associates
Aufwandsrealisationsprinzip	matching principle
Aufwendungen, die im Rahmen der gewöhnlichen Geschäftstätigkeit anfallen	expenses
B	
Barwert	present value
beizulegender Zeitwert	fair value
Bilanz	balance sheet
Bilanzierungs- und Bewertungsmethoden	accounting policies
Bilanzposition	balance sheet item
Bilanzposten	line item
bis zur Endfälligkeit gehalten	held-to-maturity
Buchwert	carrying amount
D	
degressive Abschreibungsmethode	diminishing balance method

Dienstleistung	service

E

Eigenkapital	equity
Eigenkapitalveränderungsrechnung	statement of changes in equity
einschränkende Bedingungen	constraints
Eintrittswahrscheinlichkeit	probability
Einzelabschluss	separate financial statements
Entscheidungsnützlichkeit	decision usefulness
Entwicklung	development
Ergebnis je Aktie	earnings per share
erhaltene Anzahlungen	payments received
Erlöse	revenues
Erstbewertung	initial measurment
Erstbewertung	measurement at recognition
Erträge	income
Ertragslage	performance
Erwerbsmethode	purchase method
erzielbarer Betrag	recoverable amount
Eventualforderungen	contingent assets
Eventualschulden	contingent liabilities

F

Fertigerzeugnisse	finished goods
Fertigungsaufträge	construction contracts
Festpreisverträge	fixed price contracts
finanzielle Verbindlichkeit	financial liability
Finanzierungsleasing	finance lease
Folgebewertung	measurement after recognition / subsequent measurement
Forderungen	accounts receivable / receivables
Forderungen aus Lieferungen und Leistungen	trade receivables
Forschung	research
Fremdkapitalkosten	borrowing costs

G

gegenwärtige Verpflichtung	present obligation
geleistete Anzahlungen	advanced payments to suppliers
Gesamtkostenverfahren	nature of expense method

Geschäftswert	goodwill
Gewinn- und Verlustrechnung	income statement
gewöhnliche Geschäftstätigkeit	ordinary activities
glaubwürdige Darstellung	faithful representation

H

Herstellungskosten	costs of conversion / production cost

I

immaterieller Vermögenswert	intangible asset
Interpretationen	interpretations

J

Jahresfehlbetrag	loss
Jahresüberschuss	profit

K

Kapitalflussrechnung	cash flow statement
Kontoform	account form
Konzernabschluss	consolidated financial statements
Kostenzuschlagsverträge	cost plus contracts
Kredite	loans
künftiger wirtschaftlicher Nutzen	future economic benefits
kurzfristige(r) Vermögenswert / Schuld	current asset / liability

L

langfristige(r) Vermögenswert / Schuld	non-current asset / liability
latente Steuern	deferred tax
Leasinggeber	lessor
Leasingnehmer	lessee
leistungsabhängige Abschreibung	units of production method
lineare Abschreibungsmethode	straight-line method

M

materielle Vermögenswerte	tangible assets
Mutterunternehmen	parent

N

nachträgliche Anschaffungskosten	subsequent costs
Nettoveräußerungswert	net realisable value
Neubewertung	revaluation
Neubewertungsmodell	revaluation model
Neubewertungsrücklage	revaluation surplus
Neutralität	neutrality
Nutzungsdauer	useful life
Nutzungswert	value in use

O

operatives Leasing	operating lease

P

Periodenabgrenzung	accrual basis
planmäßige Abschreibung (bei immateriellen Vermögenswerten)	amortisation
planmäßige Abschreibung (bei Sachanlagen)	depreciation
Posten	item

Q

qualifizierter Vermögenswert	qualifying asset
Qualitative Anforderungen	qualitative characteristics

R

Rahmenkonzept	framework
Realisationsprinzip	realisation principle
Relevanz	relevance
Roh-, Hilfs- und Betriebsstoffe	raw materials and supplies
Rücklagen	reserves
Rückstellung	provision

S

Sachanlagen	property, plant and equipment
schwebendes Geschäft	pending transaction
Segmentsberichtserstattung	segment reporting
Staffelform	report form
Standards	standards
Stetigkeit	consistency

stille Reserven	hidden reserves

T

temporäre Differenzen	temporary differences
Tochterunternehmen	subsidiary

U

Umsatzkostenverfahren	cost of sales method / function of expense method
unfertige Erzeugnisse / Leistungen	work in progress
Unternehmensfortführung	going concern
Unternehmenszusammenschluss	business combination

V

Verbindlichkeiten aus Lieferungen und Leistungen	trade payables
Vergleichbarkeit	comparability
verkaufen und zurückleasen	sale-and-leaseback
Verkaufskosten	costs to sell / costs of disposal
Verlässlichkeit	reliability
Vermittlung eines den tatsächlichen Verhältnissen entsprechenden Bildes	true and fair view
Vermögens- und Finanzlage	financial position
Vermögenskauf	asset deal
Vermögenswert	asset
Verständlichkeit	understandability
Vollständigkeit	completeness
Vorräte	inventories
Vorsicht	prudence
Vorwort	preface

W

Waren	goods
Wertaufholung	reversal of an impairment
Wertminderung	impairment / write-down
Wertpapier / finanzieller Vermögenswert	financial asset
Wesentlichkeit	materiality
wirtschaftliche Betrachtungsweise	substance over form

Z

zahlungsmittelgenerierende Einheit	cash-generating unit
Zeitnähe	timeliness
zu Grunde liegende Annahmen	underlying assumptions
Zwischenbericht	interim financial report
Zwischenberichtserstattung	interim financial reporting

Glossar Englisch / Deutsch

Englisch	Deutsch
A	
account form	Kontoform
accounts receivable	Forderungen
accounting policies	Bilanzierungs- und Bewertungsmethoden
accrual basis	Periodenabgrenzung
acquisition cost	Anschaffungskosten
advanced payments to suppliers	geleistete Anzahlungen
amortisation	planmäßige Abschreibung (bei immateriellen Vermögenswerten)
asset	Vermögenswert
asset deal	Vermögenskauf
associates	assoziierte Unternehmen
B	
balance sheet	Bilanz
balance sheet item	Bilanzposition
borrowing costs	Fremdkapitalkosten
business combination	Unternehmenszusammenschluss
C	
carrying amount	Buchwert
cash flow statement	Kapitalflussrechnung
cash-generating unit	zahlungsmittelgenerierende Einheit

comparability	Vergleichbarkeit
completeness	Vollständigkeit
consistency	Stetigkeit
consolidated financial statements	Konzernabschluss
constraints	einschränkende Bedingungen
construction contracts	Fertigungsaufträge
contingent assets	Eventualforderungen
contingent liabilities	Eventualschulden
cost model	Anschaffungskostenmodell
cost of sales method	Umsatzkostenverfahren
cost plus contracts	Kostenzuschlagsverträge
costs of conversion	Herstellungskosten
costs of purchase	Anschaffungskosten
costs to sell / costs of disposal	Verkaufskosten
current asset / liability	kurzfristige(r) Vermögenswert / Schuld

D

decision usefulness	Entscheidungsnützlichkeit
deferred tax	latente Steuern
depreciation	planmäßige Abschreibung (bei Sachanlagen)
depreciation amount	Abschreibungsvolumen
depreciation method	Abschreibungsverfahren
development	Entwicklung
diminishing balance method	degressive Abschreibungsmethode

E

earnings per share	Ergebnis je Aktie
equity	Eigenkapital
expenses	Aufwendungen, die im Rahmen der gewöhnlichen Geschäftstätigkeit anfallen

F

fair value	beizulegender Zeitwert
faithful representation	glaubwürdige Darstellung
finance lease	Finanzierungsleasing
financial asset	Wertpapier / finanzieller Vermögenswert

financial liability	finanzielle Verbindlichkeit
financial position	Vermögens- und Finanzlage
finished goods	Fertigerzeugnisse
fixed price contracts	Festpreisverträge
framework	Rahmenkonzept
function of expense method	Umsatzkostenverfahren
future economic benefits	künftiger wirtschaftlicher Nutzen

G

gains	andere Erträge
going concern	Unternehmensfortführung
goods	Waren
goodwill	Geschäftswert

H

held-to-maturity	bis zur Endfälligkeit gehalten
hidden reserves	stille Reserven

I

impairment	Wertminderung
incidental charges	Anschaffungsnebenkosten
income	Erträge
income statement	Gewinn- und Verlustrechnung
individual financial statements	Einzelabschluss
initial measurment	Erstbewertung
intangible asset	immaterieller Vermögenswert
interim financial report	Zwischenbericht
interim financial reporting	Zwischenberichtserstattung
interpretations	Interpretationen
inventories	Vorräte
investment property	als Finanzinvestition gehaltene Immobilien
item	Posten

L

lessee	Leasingnehmer
lessor	Leasinggeber
line item	Bilanzposten
loans	Kredite
loss	Jahresfehlbetrag

losses	andere Aufwendungen

M

matching principle	Aufwandsrealisationsprinzip
materiality	Wesentlichkeit
measurement after recognition	Folgebewertung
measurement at recognition	Erstbewertung

N

nature of expense method	Gesamtkostenverfahren
net realisable value	Nettoveräußerungswert
neutrality	Neutralität
non-current asset / liability	langfristige(r) Vermögenswert / Schuld
notes	Anhang

O

operating lease	operatives Leasing
ordinary activities	gewöhnliche Geschäftstätigkeit

P

parent	Mutterunternehmen
payments received	erhaltene Anzahlungen
pending transaction	schwebendes Geschäft
performance	Ertragslage
preface	Vorwort
present obligation	gegenwärtige Verpflichtung
present value	Barwert
probability	Eintrittswahrscheinlichkeit
production cost	Herstellungskosten
profit	Jahresüberschuss
property, plant and equipment	Sachanlagen
provision	Rückstellung
prudence	Vorsicht
purchase method	Erwerbsmethode
purchase price	Anschaffungspreis

Q

qualifying asset	qualifizierter Vermögenswert
qualitative characteristics	qualitative Anforderungen

R

raw materials and supplies	Roh-, Hilfs- und Betriebsstoffe
realisation principle	Realisationsprinzip
receivables	Forderungen
recognition criteria	Ansatzkriterien
recoverable amount	erzielbarer Betrag
reductions	Anschaffungspreisminderungen
relevance	Relevanz
reliability	Verlässlichkeit
report form	Staffelform
research	Forschung
reserves	Rücklagen
revaluation	Neubewertung
revaluation model	Neubewertungsmodell
revaluation surplus	Neubewertungsrücklage
revenues	Erlöse
reversal of an impairment	Wertaufholung

S

sale-and-leaseback	verkaufen und zurückleasen
segment reporting	Segmentsberichtserstattung
service	Dienstleistung
share	Aktie
share deal	Anteilskauf
share option	Aktienoption
standards	Standards
statement of changes in equity	Eigenkapitalveränderungsrechnung
straight-line-method	lineare Abschreibungsmethode
subsequent costs	nachträgliche Anschaffungskosten
subsequent measurement	Folgebewertung
subsidiary	Tochterunternehmen
substance over form	wirtschaftliche Betrachtungsweise

T

temporary differences	temporäre Differenzen
tangible assets	materielle Vermögenswerte
trade payables	Verbindlichkeiten aus Lieferungen und Leistungen

trade receivables	Forderungen aus Lieferungen und Leistungen
timeliness	Zeitnähe
true and fair view	Vermittlung eines den tatsächlichen Verhältnissen entsprechenden Bildes

U

underlying assumptions	zu Grunde liegende Annahmen
understandability	Verständlichkeit
units of production method	leistungsabhängige Abschreibung
useful life	Nutzungsdauer

V

value in use	Nutzungswert

W

work in progress	unfertige Erzeugnisse / Leistungen
write-down	Wertminderung

A

B

C

D

E

W

Z